普通昆虫学实验与实习实训指导

王思芳　　孙丽娟　　主编

中国农业大学出版社
·北京·

内 容 简 介

　　本教材针对《普通昆虫学》实验与实习,编写了两大部分内容,第一部分为实验部分,共设19 个实验,其中昆虫的饲养实验 1 个,昆虫形态部分的实验 5 个,昆虫生物学部分的实验 1 个,生理学部分的实验 3 个,昆虫分类部分的实验 9 个;第二部分为实训部分,包括昆虫标本的采集制作与保存、微小昆虫玻片标本的制作和昆虫科学绘图 3 个内容。

图书在版编目(CIP)数据

　　普通昆虫学实验与实习实训指导/王思芳,孙丽娟主编.—北京:中国农业大学出版社,2016.1

　　ISBN 978-7-5655-1473-9

　　Ⅰ.①普…　Ⅱ.①王…②孙…　Ⅲ.①昆虫学-实验-高等学校-教学参考资料Ⅳ.①Q96-33

　　中国版本图书馆 CIP 数据核字(2015)第 319485 号

书　　名	普通昆虫学实验与实习实训指导		
作　　者	王思芳　孙丽娟　主编		
策划编辑	赵　中	责任编辑	韩元凤
封面设计	郑　川	责任校对	王晓凤
出版发行	中国农业大学出版社		
社　　址	北京市海淀区圆明园西路 2 号	邮政编码	100193
电　　话	发行部 010-62818525,8625	读者服务部	010-62732336
	编辑部 010-62732617,2618	出　版　部	010-62733440
网　　址	http://www.cau.edu.cn/caup	E-mail	cbsszs@cau.edu.cn
经　　销	新华书店		
印　　刷	北京时代华都印刷有限公司		
版　　次	2016 年 1 月第 1 版　2016 年 1 月第 1 次印刷		
规　　格	787×980　16 开本　6.5 印张　120 千字		
定　　价	15.00 元		

图书如有质量问题本社发行部负责调换

编写人员

主　编　王思芳　孙丽娟
副主编　郑桂玲　顾　耘　郑长英

前　　言

　　《普通昆虫学实验与实习实训指导》是针对植物保护专业学生必修的专业基础课"普通昆虫学"及其实习环节编写的实践指导性教材。

　　目前,配合《普通昆虫学》教学编写的实验指导已有不少好的版本,例如荣秀兰版、许再福版等,为植物保护专业学生的学习提供了方便。

　　编写本实验与实习实训指导的初衷是突出实践指导的实用性,编者插入了平时教学过程中积累的图片,图片涉及形态、内部构造、生物学、昆虫分类、昆虫标本采集与制作等方面。

　　该教材是在"山东省高等教育名校建设工程青岛农业大学应用型人才培养特色名校建设项目"支持下编写的,系该项目的研究成果。

　　本教材由青岛农业大学昆虫教研室普通昆虫学教学小组完成。图片拍摄和编辑由王思芳、孙丽娟和顾耘完成;文字及插图由王思芳、孙丽娟及郑桂玲完成。

　　编者的目的是使本教材在内容与形式上更加有利于《普通昆虫学》课程实验、实践教学环节的开展,更加方便学生的学习。我们殷切盼望同道们指正。

　　在编写过程中,我们得到青岛农业大学顾耘、郑长英老师的指导,谨此鸣谢!

编　者

2015 年 10 月

目　　录

双目体视显微镜的构造与使用

双目体视显微镜又称"实体显微镜"、"立体显微镜"或"解剖镜",是一种具有正像立体感的观察仪器。双目体视显微镜有多种系列,目前使用较多的是 Olympus、Nikon、Motic、Leica 和 Zeiss 等连续变倍显微镜。双目体视显微镜的特点是被观察物呈正视立体放大像,双目观察,工作距离大,视野宽广,是昆虫实验课最常用和最重要的工具。下面以 Olympus SZ51 体视显微镜(放大倍数为 8~40 倍)为例介绍体视显微镜的构造与使用(图 1)。

一、结构与功能

(1)镜座　镜座是全镜的基座,中央有载物圆盘,供放置观察标本之用。

(2)镜柱　镜柱是支持镜体的构造,装有聚焦调节钮,可调节镜体上下滑动。

(3)镜体　镜体是全镜的成像系统,在镜体两侧位置有可以转动的旋钮,即变

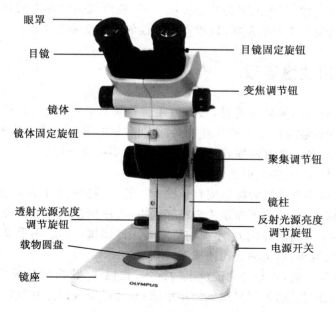

图 1　双目体视显微镜

焦调节钮,用以改变物镜的放大倍率(0.8～4.0倍)。双目体视显微镜2个目镜的宽度是可调节的,观察者可根据自己的双眼之间的距离(眼距)进行左右调节。目镜筒附有伸缩装置,可上下旋动,以校正观察者双眼的视力差。

(4)照明装置 除了在载物圆盘底下有透射光源外,还有 LED 反射光照明装置。

二、使用方法

(1)将双目体视显微镜置于平稳的试验台面上,接通电源,打开镜座上的电源开关。

(2)根据标本的类型,选择光源类型。观察实物标本时,用反射光源;观察玻片标本时,用透射光源。调节亮度调节旋钮使视野明亮。

(3)将观察的标本按以下正确方式放置到载物圆盘上:①浸渍标本,需放在培养皿内;②针插标本,需先插在泡沫块上;③解剖标本,放置在蜡盘中;④玻片标本,可直接放置到载物圆盘上;⑤盒装标本,直接放置到载物圆盘上即可。

(4)将变焦调节钮调至最低倍数(0.8),以便得到最大的视野;调节2个目镜间的距离,使其与眼距一致;转动镜柱上的聚焦调节钮,上下调节镜体,使所观察的标本在目镜下成像清晰;调节目镜,使左右两眼都能看到清晰的物像;旋动变焦调节钮至所需观察倍数;再次上下调节变焦调节钮,使所观察的标本成像最清晰;最后调节反射光源与标本间的角度,以求得到最佳的清晰度和对比度。

三、使用注意事项

(1)取放双目体视显微镜时,必须一手握住镜柱,一手托住镜座,保持镜体直立、平稳,轻拿轻放。使用前应检查镜头、照明装置等零部件是否齐全,镜体各部分是否完好无损;若发现有缺损,应立即报告老师,不可自行拆装。

(2)观察标本时,要先低倍、后高倍。

(3)请勿用手直接接触物镜或目镜镜面。若发现镜面上有灰尘或污物附着时,应先用洗耳球吹去,或用干净镜头笔轻轻刷去,再用擦镜纸轻轻拭去。用擦镜纸擦拭时,要沿一个方向轻轻拭去,不要前后左右来回擦拭。切忌用手或其他纸、布、衣服或手绢擦拭镜头,以免沾上污渍或造成划痕。

(4)实验结束后,移走载物圆盘上的标本,将镜体、载物圆盘等擦拭干净;将调焦旋钮旋至中间位置;填写显微镜使用手册;将显微镜放回原有位置。

生物显微镜的构造与使用

　　生物显微镜和双目立体显微镜一样,也是昆虫研究的常用工具,主要用于观察昆虫组织切片或微小昆虫的整体封片。生物显微镜的放大倍数超过双目立体显微镜,是观察昆虫微细结构和微小特征的不可缺少的工具。放大倍数一般是 40～1 600 倍。

一、结构与功能

　　(1)镜座　　镜座是全镜的底座,支持整个镜体。镜座上面有由聚光镜、虹彩光圈和反射镜组成的聚光器。聚光镜的作用是汇集从光源发出的光线并聚成光束,以增强照明亮度。虹彩光圈的作用是调节光亮度和聚光器数值孔径大小,以使物镜的数值孔径和聚光器的数值孔径相吻合。聚光器上面有载物台,载物台上常有玻片移动器。

　　(2)镜臂　　镜臂是支持镜体的构造,常直立于镜座的后侧,上部连接着镜体。

　　(3)镜体　　镜体是全镜的成像系统所在,包括目镜、物镜、物镜转换器和调焦装置。目镜主要起放大镜的作用,将经物镜放大的实像做进一步放大。物镜是决定显微镜分辨率和放大倍数的重要部分,常 3～6 个一组,其基部由物镜转换器连接。每个物镜上都刻有放大倍数、数值孔径及所要求盖玻片厚度等主要参数。物镜转换器位于目镜下端,其作用是便于更换物镜。调焦装置有粗调焦旋钮和微调焦旋钮,其作用是调节焦距,使物像清晰。

二、使用方法

　　(1)将显微镜置于实验桌台上,通过聚光器调节光亮度,使视野内光线均匀,亮度适当。

　　(2)将玻片标本放置于载物台上;转动粗调焦旋钮,使镜筒上升;转动物镜转换器,使低倍物镜对准通光孔;转动反光镜,直到看到一个明亮的视野;从侧面观察,小心降下镜筒,使低倍物镜靠近玻片标本,然后用粗调焦旋钮慢慢调节物镜离开标本,进行粗聚焦,再用微调焦旋钮调节至物像清晰。

（3）通过玻片移动器慢慢移动载玻片，仔细观察，寻找目标位置，并锁定在视野中心；然后轻轻旋转物镜转换器，将高倍物镜推至工作位置，同时对聚光器光圈及视野亮度进行适当调节，再调节微调焦旋钮使物像清晰。如果还要用更高倍数观察，可按前面办法进行。如果要用油镜观察时，需在待观察标本上面滴加香柏油，同时将聚光器升至最高位置并开足光圈。若聚光器数值孔径值超过1.0，也应在聚光器与载玻片之间滴加香柏油，以保证获得最佳的观察效果。

三、使用注意事项

（1）取放生物显微镜时，必须一手握住镜臂、一手托住镜座，保持镜体直立、平稳，轻拿轻放。使用前应检查镜头等零部件是否齐全，镜体各部分是否完好无损；若发现有缺损，应立即报告老师，不可自行拆装。

（2）观察标本时应遵守从低倍镜到高倍镜的观察程序，因为低倍数物镜视野相对广，易发现目标及确定位置。

（3）进行粗调焦时，切记要小心降下镜筒，使低倍物镜靠近玻片标本（切忌接触或碰压！），然后用粗调焦旋钮慢慢调节物镜离开标本，使标本在视野中初步聚焦，切勿将方向拧反！

（4）用油镜观察后，一定要及时用擦镜纸拭去镜头上的香柏油，然后用擦镜纸蘸少许二甲苯擦去镜头上的油迹，最后再用干净的擦镜纸擦去残留的二甲苯，以保护镜头。

（5）目镜或物镜的镜面上有灰尘和污物附着时，应先用洗耳球吹去，或用干净镜头笔轻轻刷去，再用擦镜纸轻轻拭去。用擦镜纸擦拭时，要沿一个方向轻轻拭去，不要前后左右来回擦拭。切忌用手或其他纸、布、衣服或手绢擦拭镜头。以免沾上污渍或造成划痕。机械装置沾有污渍，可用干净柔软的细布擦拭。

（6）实验结束后，调升镜筒，移走载物台上的标本，将玻片移动器调节至适当位置，关闭光源灯，用布将镜体、载物台等擦拭干净；旋转物镜转换器，将物镜转离光轴呈"八"字形，同时将聚光器降低，以免物镜与聚光器发生碰撞；将显微镜放回镜箱内，登记使用情况。

第一部分
普通昆虫学实验部分

实验一　昆虫的饲养

一、目的

通过饲养昆虫，了解昆虫的外部形态；了解昆虫的生长发育、蜕皮、变态等生物学现象。

二、材料及用具

(1)异色瓢虫、蚜虫，或小菜蛾、萝卜苗，或家蚕、桑叶。
(2)烧杯或塑料杯，培养皿或养虫盒，滤纸，保鲜膜，毛笔，缝衣针等。

三、内容与方法

按照以下步骤进行观察，并将每头异色瓢虫的观察结果填入表1。每4人为一个小组，每组饲养异色瓢虫20头。

(1)异色瓢虫采集　从室外采集异色瓢虫成虫(50头)，集中放在一个大烧杯中，并放入带有蚜虫的植物叶片，用保鲜膜覆盖并扎孔透气，注意及时更换新叶片及蚜虫，待其交配并产卵。

(2)卵的转移　每12 h将新产的卵取出放入培养皿中培养，并记录产卵时间。

(3)幼虫饲养　待幼虫孵出后(孵化)，将刚孵化出的1龄幼虫用毛笔转移到小培养皿中，每皿1头，用保鲜膜覆盖并扎孔透气，及时更换新叶片及蚜虫，并记录孵化时间。每天在规定的2个时间点观察其蜕皮情况，并记录蜕皮时间。注意观察幼虫体躯上黄色斑纹的数目。每天投放足量蚜虫并注意保湿。

(4)蛹的观察　记录末龄幼虫变成蛹(化蛹)的时间。

(5)成虫观察　幼虫化蛹后继续观察，期间无须放置蚜虫，直至成虫出现，记录羽化时间。

表 1　异色瓢虫个体发育记录表

项目	7:00	19:00
产卵时间		
孵化时间		
第 1 次蜕皮时间		
第 2 次蜕皮时间		
第 3 次蜕皮时间		
第 4 次蜕皮(化蛹)时间		
羽化时间(变成虫)		

根据以上记录,计算出下列内容。异色瓢虫的卵期、1 龄幼虫期、2 龄幼虫期、3 龄幼虫期、4 龄幼虫期及蛹期分别是多少小时?

思考题

1. 异色瓢虫在胚后发育中经历哪几个发育阶段?
2. 不同龄期的幼虫除了体躯大小不同外,还有哪些不同?

实验二　昆虫纲的基本特征及与近缘类群的区别

一、目的

掌握昆虫纲的基本特征；了解昆虫纲与原尾纲、弹尾纲和双尾纲及其他节肢动物的区别。

二、材料

（1）浸渍标本　蝗虫,对虾,蜈蚣,蜘蛛（或蝎子）,马陆等。

（2）玻片标本　原尾虫,弹尾虫,双尾虫。

三、内容与方法

（一）昆虫纲的基本特征

取蝗虫 1 头,头部向左,侧放在培养皿内或载玻片上。仔细观察蝗虫体躯的一般构造。

蝗虫体躯分为头部、胸部和腹部 3 个体段。

头部:观察头部的 1 对触角、1 对复眼、3 个单眼和口器。

胸部:观察前胸、中胸和后胸 3 个体节,各胸节的背板、侧板和腹板。观察前胸、中胸和后胸两侧侧板与腹板间的前足、中足和后足。观察中胸和后胸背板与侧板间着生的 1 对前翅和 1 对后翅。观察中胸侧板和后胸侧板前缘的中胸气门和后胸气门,中胸气门被前胸背板盖住,须将前胸背板掀起来才能看到。

腹部:观察腹部的 11 个体节,第 1 腹节两侧的 1 对鼓膜听器,第 1～8 腹节的气门,其中第 1 腹节的气门位于听器前。观察腹部末端的外生殖器官。

（二）昆虫纲与其他节肢动物的区别

参考表 2,观察蝗虫、蝎子（或蜘蛛）、虾、蜈蚣、马陆的体段、足对数及着生位置、翅的有无及触角。

表 2   节肢动物各纲特征

纲	体段	足	翅	触角
昆虫纲 Insecta（蝗虫）	头部、胸部、腹部	3 对	2 对	1 对
蛛形纲 Arachnoidea（蝎子）	头胸部、腹部	4 对	0 对	0 对
甲壳纲 Crustacea（对虾）	头胸部、腹部	≥5 对	0 对	2 对
唇足纲 Chilopoda（蜈蚣、蚰蜒）	头部、胴部	1 对/体节	0 对	1 对
重足纲 Diplopoda（马陆）	头部、胴部	2 对/体节	0 对	1 对

（三）昆虫纲与其他六足动物的区别

（1）原尾纲   口器内藏式，无触角；复眼或单眼，无翅；腹部 12 节，第 1～3 节上有附肢；无尾须。

（2）弹尾纲   口器内藏式，触角 1 对；无复眼，或复眼仅由不多于 8 个小眼松散组成；缺单眼，无翅；腹部 6 节，第 1 节具腹管（粘管），第 3 节具握弹器，第 4 节具弹器；无尾须。

（3）双尾纲   口器内藏式，触角念珠状；无单眼或复眼，无翅；腹部 10 节，第 1～7 节或第 2～7 节上有成对的刺突和泡囊；尾须细长多节，或呈铗状不分节。

仔细观察原尾虫、弹尾虫和双尾虫的形态特征，并与蝗虫比较。

思考题

1. 绘蝗虫体躯侧面图，示昆虫纲特征。

2. 昆虫纲与节肢动物其他纲有何区别？

3. 昆虫纲与近缘的原尾纲、弹尾纲和双尾纲有何区别？

实验三 昆虫头部基本构造及其附肢

一、目的

掌握头壳的基本构造;掌握触角的基本构造和常见类型;了解昆虫头部的线、沟、分区、复眼和单眼。

二、材料

(1)浸渍标本 蝗虫,蟋蟀,白蚁,家蚕。

(2)针插标本 蝉,胡蜂,金龟甲,食蚜蝇,蝴蝶,毒蛾,绿豆象(♀、♂),瓢虫,蚊(♀、♂),虻,负蝗等。

(3)玻片标本 各种类型触角的玻片标本,丝状(线状),刚毛状(锥状),念珠状,曲肱状(肘状、膝状),鳃叶状,具芒状,球杆状(棍棒状),羽毛状(双栉齿状),栉齿状,锯齿状,锤状,环毛状,牛角状,剑状。

三、内容与方法

(一)头壳上的缝和沟

1.蜕裂线

取蟋蟀(成虫或若虫)1头,观察其头顶,找到一条倒"Y"形蜕裂线。

2.沟

取蝗虫进行观察。

(1)额唇基沟和额颊沟 观察蝗虫头壳正面,辨别额唇基沟和额颊沟。额唇基沟两端的陷口称为前幕骨陷。

(2)颊下沟 观察蝗虫头壳的侧面辨识颊下沟。

(3)后头沟和次后头沟 将蝗虫头壳取下,观察其后面,围绕后头孔的第2条沟是后头沟,第1条是次后头沟。次后头沟两端的陷口称为后幕骨陷。

(4)围眼沟　观察蝗虫复眼周围的围眼沟。

(二)头壳的分区

(1)额唇基区　观察蝗虫头壳正面,分辨额、唇基。额位于蜕裂线两侧臂之下,额唇基沟之上,两条额颊沟之间。观察复眼和触角的着生位置。唇基位于额唇基沟之下、上唇之上。

(2)颅侧区　观察蝗虫头壳侧面,位于额颊沟和后头沟间的区域,包括头顶和颊。

(3)颊下区　观察蝗虫头壳侧面,位于颊下沟之下与上颚基部之上的狭窄骨片。

(4)后头区和次后头区　取下蝗虫头部,后方正中有 1 个大的后头孔,观察后头孔周围。头顶的后方为后头,后头的下方两侧为后颊;环绕后头孔的第 1 条沟(次后头沟)与后头孔间的骨片称次后头。次后头与颈膜相连。

(三)幕骨

将蝗虫头壳上的口器部分(上颚、下颚、下唇及舌)用镊子取下,然后用剪刀从头顶一侧插入,沿后头沟前面头顶两侧向下剪,直至额唇基沟的上方,再沿着额唇基沟向后将额区和颅侧区的大部分头壳剪去,只留下后头孔和含有唇基沟、上颚的部分头壳,然后观察幕骨的各个部分。

(四)昆虫的触角

昆虫的触角常见类型有丝状(线状)、刚毛状(锥状)、念珠状、锯齿状、栉齿状、羽毛状(双栉齿状)、膝状(肘状、曲肱状)、具芒状、环毛状、棍棒状(球杆状)、锤状和鳃叶状。

观察蝗虫(或椿象)、蝉、白蚁、雌绿豆象、雄绿豆象、毒蛾、胡蜂(或蜜蜂)、食蚜蝇(或麻蝇)、摇蚊、蝴蝶、瓢虫和金龟子等昆虫触角,说明其各属于哪种触角类型。

观察以上各种触角的玻片标本。

(五)昆虫的复眼

观察以下昆虫复眼的形状:蝗虫、虻、蜻蜓、豉甲和天牛,各有何特点?

有些昆虫雌雄虫复眼大小不同,可借此辨别雌雄。如食蚜蝇雌虫复眼是离眼式,而雄虫是接眼式。

观察家蚕幼虫是否有复眼。

(六)昆虫的单眼

观察蝗虫背单眼、蝉背单眼、家蚕幼虫侧单眼,注意观察其着生位置、数目和排列方式。

思考题

1.绘蝗虫头部正面观点线图,并注明沟与区的名称。

2.绘昆虫触角的基本构造图,注明各部分的名称。

3.绘各种触角形态图,并注明各部分名称。

实验四　昆虫口器类型与构造

一、目的

了解昆虫口器的基本构造和各种口器的特点。

二、材料

(1)浸渍标本　蝗虫,蝉,家蚕幼虫,天蛾(或夜蛾)。

(2)针插标本　步甲(或瓢虫)。

(3)玻片标本　蝉、蚊的刺吸式口器,蝇的舐吸式口器,蜜蜂的嚼吸式口器,蛾的虹吸式口器,蚜狮的捕吸式口器,蓟马的锉吸式口器,家蚕幼虫的咀嚼式口器。

(4)盒装标本　蝗虫口器解剖标本,蝉的口器解剖标本。

三、内容与方法

(一)昆虫的口向(头式)

昆虫的口向(头式)主要有下口式、前口式和后口式3类。

观察蝗虫、步甲、蝉(或椿象)等昆虫口器着生方向与体躯纵轴的关系,它们的口向(头式)各属于哪种类型?

(二)昆虫的口器

昆虫的口器类型主要有咀嚼式口器、刺吸式口器、嚼吸式口器、舐吸式口器、虹吸式口器、捕吸式口器和锉吸式口器共7种。

1.咀嚼式口器

(1)蝗虫　取蝗虫1头,首先确定上唇、上颚、下颚及下颚须、下唇及下唇须的位置。用镊子牵动蝗虫口器各部分,仔细观察其运动方向。然后将各部分取下,摆放在载玻片上。先用镊子夹住上唇基部,将上唇沿上下方向取下,露出上颚;再将头反转,沿后头孔按上下方向依次取下下唇、下颚和舌;最后用镊子夹住上颚基部,沿左右方向摇动,取下上颚。

在双目立体显微镜下仔细观察载玻片上蝗虫口器各部分的形态特征,并联系功能比较其结构特点。上唇外壁骨化,内壁膜质被毛。上颚坚硬,端部是切齿,基部是臼齿。下颚分为轴节、茎节、内颚叶、外颚叶和下颚须。下唇分为后颏、前颏、侧唇舌、中唇舌和下唇须。舌为囊状结构,其上有许多感觉器。

(2)家蚕幼虫　观察家蚕或其他鳞翅目幼虫口器,分辨上唇、上颚和吐丝器。

2.刺吸式口器

观察并比较蝉和蚊口器的构造。

(1)蝉　取蝉1头,观察头部正面中间,隆起部分是唇基,被唇基沟分为前唇基和后唇基。唇基下面是三角形上唇,盖在喙基前面。喙3节,由下唇形成。喙的前壁内陷成唇槽,内藏上颚口针和下颚口针。

用挑针从喙基部轻挑槽内的4根口针,最先分开的2根是上颚口针,余下的2根下颚口针紧密嵌合,不易分开。舌位于口针基部口前腔内。

(2)蚊　观察雌蚊和雄蚊口器玻片标本,找出喙及口针,并与蝉口器比较。

3.舐吸式口器

在镜下观察家蝇头部玻片,可见1条粗短的喙,区分基喙、中喙和端喙。

基喙的前壁有1个马蹄形的唇基,唇基前有1对棒形不分节的下颚须。中喙由下唇的前颏形成,前壁凹陷呈唇槽,上方盖有长片状上唇,后壁骨化为唇鞘。舌呈片状,贴在上唇下方。端喙是中喙末端的唇瓣。上颚和下颚的其他部分均已退化。

4.虹吸式口器

取蛾或蝶1头,从头部前侧面观察,可见两复眼间的鳞毛状下唇须,夹于下唇须之间的是卷曲能伸展的喙。喙是由下颚的外颚片嵌合而成的,口器的其他部分退化或消失,不易看到。

然后取粉蝶或夜蛾口器玻片,在显微镜下观察外颚叶。

5.捕吸式口器

观察蚜狮幼虫口器,位于头部前方的镰刀状构造就是其口器。观察蚜狮口器玻片标本,可见左上颚和左下颚、右上颚和右下颚组成的1对伸向前方的镰刀状的捕吸构造。上颚粗大,末端尖锐,内侧有深沟。下颚的外颚叶紧贴在上颚的下侧面。下唇退化。只见1对细长的下唇须。

6.锉吸式口器

观察蓟马的玻片标本,可见喙内藏有舌和3根口针,即1根左上颚口针和1对下颚口针。下颚口针由内颚叶形成。下颚的叶状茎节上有短小且分节的下颚须。

7. 嚼吸式口器

取蜜蜂针插标本，观察其头下口器，找出上唇、上颚及喙。

观察蜜蜂口器玻片标本，上颚发达，无端齿或基齿；后颏三角形，后颏下方连着1个长方形的前颏，前颏的前下方两侧有1对下唇须。下唇须中间可见1条多毛的中唇舌，中唇舌基部有1对短小的侧唇舌；下颚呈匙状。在前颏前面的膜质结构是舌，唾道从其下面通过。

思考题

1. 列表比较咀嚼式口器与刺吸式口器基本构造的异同。

2. 嚼吸式口器、舐吸式口器、虹吸式口器、捕吸式口器和锉吸式口器主要特点是什么？

实验五　昆虫的胸部

一、目的

了解昆虫胸部的基本构造；掌握胸足的基本构造和类型、翅的基本构造和类型、脉序和翅的连锁方式。

二、材料

（1）浸渍标本　东亚飞蝗，棉蝗，豆虫。

（2）针插标本　食蚜蝇，金龟甲，蜻蜓，蟪，螳螂，蝼蛄，龙虱（♀、♂），蜜蜂，蝙蝠蛾，粉蝶，天蛾，蝉，叩头甲。

（3）玻片标本　石蛾翅，蓟马。

（4）盒装标本　昆虫胸足的类型，昆虫翅的类型。

三、内容与方法

（一）胸部的基本构造

1. 前胸

将东亚飞蝗前胸取下，观察和区分前胸背板、侧板和腹板。

（1）背板　马鞍形，向前盖过颈部，向后盖住中胸前端，向两侧盖住侧板。

（2）侧板　不发达，观察位于在背板前下角下外露三角形骨片。需将背板掀开，才能看到全部侧板。

（3）腹板　东亚飞蝗腹板不太发达。观察叩头甲刺状的前胸腹板突。

2. 翅胸

将东亚飞蝗2对翅展开，观察并区分翅胸背板、侧板和腹板的构造。

（1）背板　中胸背板由前往后依次被前脊沟、前盾沟和盾间沟分为端背片、前盾片、盾片和小盾片。端背片是前脊沟前的1条狭形骨片。前盾片是前脊沟与前盾沟间的 1 条狭形骨片或分割为左右 2 块。盾片是前盾沟与盾间沟之间的 1 个大骨片，前、后两端向两侧突出，形成前背翅突和后背翅突。小盾片是盾间沟后的 1 个三角形骨片。后胸背板的构造与中胸背板相似。

（2）侧板　中胸侧板和后胸侧板中央各有 1 条侧沟将每节侧板分为前侧片和后侧片。侧沟上方连接侧翅突，下方连接侧基突。在侧翅突前、后膜质区内，各有 1～2 个小骨片，统称为上侧片。在侧翅突前面的称前上侧片，侧翅突后面的是后上侧片。

（3）腹板　中胸腹板的沟、缝将腹板划成倒"凹"字形，近前缘的前腹沟和中央的腹脊沟将主腹片分为前面 1 条狭长的前腹片和后面 1 块大的基腹片和 2 块小的小腹片，腹脊沟的两端常内陷成中胸腹板内突陷；中胸间腹片退化，仅保留 1 个小的内刺突，并前移与腹脊沟的腹内脊连接。后胸腹板的沟、缝将腹板划成"凸"字形，无前腹片，基腹片的前端突伸到中胸的 2 个腹片之间，腹脊沟的两端内陷成后胸腹内突陷；后胸腹板的后面没有具刺腹片。第 1 腹板前移与后胸基腹片合并，节间膜消失。

（二）胸足

1.胸足的基本构造

观察蝗虫的后足，区分基节、转节、腿节、胫节、跗节和前跗节。
注意跗节下面的跗垫和前跗节 2 个侧爪之间的中垫。

2.胸足的类型

昆虫胸足的常见类型有步行足（行走足）、跳跃足、捕捉足、开掘足、游泳足、抱握足、攀握足和携粉足。

观察蝗虫（或螽斯、蟋蟀）的前足（步行足）、后足（跳跃足），螳螂前足（捕捉足），蝼蛄前足（开掘足），龙虱后足（游泳足），雄性龙虱前足（抱握足），蜜蜂后足（携粉足），体虱的前足（攀握足），指出其类型。

3.幼虫的胸足

昆虫幼虫胸足构造比较简单，5 节，节与节之间常只有 1 个背关节，跗节不分亚节，前跗节只有单爪。观察鳞翅目幼虫的胸足。

（三）翅

1.翅的基本结构

将东亚飞蝗后翅展开，观察翅的形状并区分翅的三缘（前缘、后缘及外缘），三角（基角、顶角及臀角）以及臀前区、臀区的位置。注意观察翅的厚薄和翅脉分布的稀密,在翅的前缘与后缘、翅基与翅顶有何差异,这与飞行功能有何联系?

2.翅的常见类型

观察蜜蜂前翅与后翅、石蛾前翅与后翅、金龟甲前翅与后翅、蝴蝶前翅与后翅、蓟马(玻片)前翅与后翅、东亚飞蝗(或螳螂)前翅与后翅、蜻前翅、食蚜蝇前翅与后翅,指出其类型。

3.脉序及翅脉的变化

观察石蛾前翅玻片标本,仔细辨认各条纵脉与横脉,并与"假想脉序"比较,牢记各翅脉名称及相对位置。

4.翅的连锁方式

在以前翅作为主要飞行器官的昆虫中,具有前翅带动后翅飞行的翅的连锁器官。

蝙蝠蛾(示范)的翅轭连锁器:观察位于前翅后缘基部的指状突起。

蛾(♀、♂)的翅缰型连锁器:观察位于后翅前缘基部的翅缰、位于前翅后缘腹面的翅缰沟。注意雌蛾与雄蛾翅缰的数目。

蝉的翅钩型连锁器:观察后翅前缘正面的卷褶、前翅后缘背面的卷褶;用手拿着前翅顶角,并通过前面的 2 个卷褶使前翅与后翅连接起来。

蜜蜂的翅钩型连锁器:很多蜜蜂针插标本的前后翅是连接在一起的。用挑针使前后翅分开,后翅前缘上的翅钩挂在了前翅后缘的卷褶上。取下后翅,可见其前缘中部的翅钩。

贴接型连锁器:观察粉蝶的后翅,肩区发达;观察枯叶蛾的后翅肩区,其是否也属于贴接型连锁?

再观察蜻蜓的前后翅是否有连锁器官。

思考题

1.绘昆虫胸足的基本构造图,注明各部分名称。

2.绘石蛾前翅脉序图,注明翅脉名称(中文和英文),并与昆虫通用假想脉序比较。

3.昆虫翅的常见类型有哪些? 不同类型的构造特点及其功能有何不同?

4.昆虫胸足有哪些主要类型? 其特点各是什么?

实验六 昆虫的腹部

一、目的

了解昆虫腹部的基本构造;掌握昆虫腹部的附肢、雌雄外生殖器的基本构造。

二、材料

(1)浸渍标本 东亚飞蝗(♀、♂),蝉(♀),黏虫成虫(♀、♂),家蚕幼虫,叶蜂幼虫,蜉蝣稚虫。

(2)针插标本 蜉蝣,蟋蟀,螽蟖。

(3)盒装标本 蝗虫产卵器解剖标本,蝉产卵器解剖标本。

三、内容与方法

(一)腹部的一般构造

观察东亚飞蝗的腹部,腹部共有 11 个体节;前 1~8 节每节由 1 块背板和 1 块腹板组成,在两侧各有 1 个气门;第 11 腹节由 1 块肛上板和 2 块肛侧板组成;在第 1 腹节的背面两侧各有 1 个鼓膜听器。

(二)外生殖器

1. 产卵器

首先观察蝗虫的产卵器解剖盒装标本。然后取东亚飞蝗雌虫 1 头,观察腹部末端的形状,呈凿状。用镊子将凿状产卵器的背瓣和腹瓣打开,可见到位于腹瓣基部且很退化的内瓣。从腹面观察 1 对腹瓣,在基部中间的是由第 8 节腹板后缘中间向后突出的导卵器。腹瓣和背瓣各着生于哪一腹节?

观察蝉的产卵器解剖盒装标本。然后取雌蝉 1 头,观察其产卵器构造,找出产卵器鞘及产卵瓣。比较蝉和蝗虫的产卵器,说明形态与功能的关系。

取雌黏虫蛾(浸渍标本)1 头,用手轻轻压挤腹部末端,可见中央有 1 管状突起伸出,即为黏虫的伪产卵器。

2. 交配器

取东亚飞蝗雄虫 1 头,观察其交配器所在腹节。用镊子夹住由第 9 节腹板形成、呈船尾状的下生殖板并往下拉,同时轻轻挤压腹部,使交配器从生殖腔中伸出,在显微镜下观察其构造。

取雄黏虫成虫(或其他鳞翅目雄虫)1 头,用手轻轻捏压腹部末端,可见到 1 对褐色、片状的构造张开,此是黏虫的抱握器。

(三)腹部的附肢

昆虫腹部的附肢除了形成生殖器官的附肢外,还有尾须、幼虫的腹足、水生昆虫的气管鳃等。

(1)尾须 尾须是昆虫末节的附肢,其形状变化较大。观察蝗虫、蜉蝣、蟋蟀和螳螂的尾须。

(2)幼虫的腹足 鳞翅目幼虫:观察家蚕幼虫腹部第 3～6 节和第 10 节上的腹足,腹足端部有趾,趾的末端有成排的趾钩。

叶蜂幼虫:观察麦叶蜂腹足的对数、着生位置和构造,并与家蚕幼虫的腹足进行比较。

(3)气管鳃 观察蜉蝣稚虫体躯两侧的气管鳃。

思考题

1.绘家蚕幼虫体躯侧面图,示体节、气门和足的位置。

2.如何区分鳞翅目幼虫和膜翅目叶蜂的幼虫?

3.简述所观察的几类昆虫的产卵器与模式构造的异同点。

4.何谓附肢?昆虫的头部、胸部和腹部各有哪些附肢?

实验七　昆虫的生物学

一、目的

了解昆虫卵的外部形态、产卵方式和胚胎发育过程,以及雌雄二型、多型现象、警戒态和拟态;掌握昆虫的变态类型、幼虫的类型和蛹的类型。

二、材料

(1)浸渍标本　夜蛾幼虫,尺蠖,瓢虫幼虫,金龟子幼虫,黄粉虫幼虫,家蝇幼虫,大蚊幼虫,天牛幼虫,黄粉虫蛹,柞蚕蛹(♀,♂)和寄蝇蛹。

(2)玻片标本　鳞翅目幼虫的胚胎发育。

(3)盒装标本　蝗虫、金龟子、蜉蝣、天幕毛虫、蟑、菜粉蝶、亚洲玉米螟、斜纹夜蛾、草蛉的卵以及蜚蠊卵鞘和螳螂的卵块,衣鱼、蜉蝣、蜻蜓、东亚飞蝗、温室白粉虱、斜纹夜蛾和芫青世代生活史,黄斑卷叶蛾和褐飞虱的多型现象,犀金龟、锹甲、马兜铃凤蝶和介壳虫的雌雄二型,竹节虫和枯叶蝶的拟态,蓝目天蛾的警戒态,拟蜂类的蝇和虻等。

三、内容与方法

(一)卵的外部形态与产卵方式

卵的外部形态包括卵的大小、颜色、形状和卵壳上的饰纹等。产卵方式包括有单产和集产;有的产在寄主、猎物或其他物体的表面,有的产在隐蔽场所或寄主组织内或地下;有的卵粒裸露在物体的表面,有的有卵鞘或覆盖物等。观察蝗虫、天幕毛虫、蟑、菜粉蝶、亚洲玉米螟、甜菜夜蛾、草蛉的卵以及蜚蠊卵鞘和螳螂的卵块。

(二)胚胎发育

在生物显微镜下,观察鳞翅目幼虫胚胎发育整体封片标本,了解胚胎发育的基本过程,注意胚胎在各个发育阶段中外部形态的变化。

(三)变态类型

1. 表变态

其特点是成虫期继续脱皮。观察衣鱼生活史标本,比较其幼体和成虫形态的异同。

2. 原变态

其特点是有 1 个亚成虫期。观察蜉蝣生活史标本,比较其稚虫、亚成虫和成虫形态的异同。

3. 不全变态

不全变态昆虫经历卵、幼体和成虫 3 个虫态。

(1)渐变态　有卵、若虫和成虫 3 个虫态,如蚱蝉。观察蝗虫世代生活史标本,比较其若虫与成虫形态的异同。

(2)半变态　有卵、稚虫和成虫 3 个虫态。观察蜻蜓世代生活史标本,比较其稚虫与成虫形态的异同。

(3)过渐变态　其特点是若虫在变为成虫前,经历一个不吃也不太活动、类似全变态蛹期的虫态。半翅目粉虱科,雄介壳虫及缨翅目昆虫属于这个类型。观察温室白粉虱世代生活史标本,比较其各龄若虫形态的差异。

4. 全变态

全变态昆虫经历卵、幼虫、蛹和成虫 4 个虫态。观察花椒凤蝶或甜菜夜蛾或舞毒蛾或其他全变态昆虫世代生活史标本,比较其幼虫、蛹与成虫形态的差异。

在幼虫营寄生生活的鞘翅目芫青科等昆虫中,各龄幼虫因生活方式不同而出现外部形态的分化,其发育过程中的变化比一般全变态更加复杂,特称复变态。观察芫青世代生活史标本,仔细比较其幼虫、蛹与成虫以及各龄幼虫间的变态差异。

(四)全变态昆虫的幼虫类型

1. 原足型

观察茧蜂幼虫玻片标本,注意其体段的分节以及胸足和口器的发育程度。

2. 多足型

(1)鳞翅目幼虫　腹足 2～5 对,位于第 3～6 腹节和第 10 腹节上,腹足末端有趾钩。若有腹足退化,则从第 3 腹节开始向后减少。观察甜菜夜蛾或棉铃虫幼虫和尺蠖幼虫(只有 2 对腹足)。

(2)叶蜂幼虫　有 6～10 对腹足,无趾钩。若有腹足减少,则从第 8 腹节起向前减少,观察麦叶蜂和月季叶蜂幼虫。

3.寡足型

(1)步甲型　前口式,胸足发达。观察瓢虫幼虫的体形、口向和胸足的发达程度。

(2)蛴螬型　体肥胖,常弯曲成"C"形,胸足较短。观察金龟甲幼虫(蛴螬)的体形、口向和胸足的发达程度。

(3)叩甲型　体细长,略扁平,胸足较短。观察叩头甲幼虫的体形、口向和胸足的发达程度。

(4)钻蛀型　观察天牛幼虫的体形、口向和胸足的发达程度。

4.无足型

胸足和腹足完全退化。

(1)无头无足型　头部退化,全部缩入胸内,仅余口钩。观察家蝇幼虫的口钩。

(2)半头无足型　头部仅前端骨化、外露,后端缩入胸内。观察大蚊幼虫头部的发达程度。

(3)显头无足型　头部骨化,全部露出体外。观察天牛幼虫头部的发达程度。

(五)蛹的类型

包括被蛹、离蛹和围蛹 3 类。

(1)被蛹　观察柞蚕蛹,仔细辨认触角、复眼、前足、中足、后足、前翅、后翅,并观察气门的排布情况、附肢和翅与体躯的附着情况。注意观察蛹体后端的生殖孔。雌蛹有产卵孔和交配孔,雄蛹只有交配孔。

(2)离蛹　观察黄粉虫蛹,仔细辨认触角、复眼、前足、中足、后足、前翅、后翅,并观察气门的排布情况、附肢和翅与体躯的附着情况。

(3)围蛹　观察寄蝇蛹,然后剪开蛹壳,观察里面的蛹体。

(六)雌雄二型与多型现象

(1)雌雄二型　观察鹿角花金龟、锹甲的雌雄二型,比较雌雄两性在个体大小、体形和体色等方面存在的明显差异。

(2)多型现象　观察褐飞虱或黄斑卷叶蛾的多型现象,观察褐飞虱的长翅型与短翅型个体的形态差异、黄斑卷叶蛾夏型和冬型的色彩区别。

(七)昆虫的防御行为

(1)拟态　观察竹节虫和枯叶蝶,注意观察其在外形、色彩、斑纹或姿态方面与背景的相似程度;观察食蚜蝇与蜜蜂在色彩和体型上的相似性。

（2）警戒态　观察蓝目天蛾或胡蜂的警戒态标本。

思考题

1.在昆虫胚胎发育的过程中,外胚层、中胚层和内胚层分别发育为哪些组织和器官?

2.昆虫变态有哪些主要类型? 各有什么特点? 分别包括哪些昆虫类群?

3.什么是若虫、稚虫和幼虫?

4.全变态昆虫的幼虫有哪些类型? 各有什么特点?

5.如何区别离蛹、被蛹与围蛹?

6.分别举例说明什么是雌雄二型、多型现象、警戒态和拟态。

实验八　昆虫内部器官的位置及消化器官、排泄器官和循环器官

一、目的

通过解剖,掌握昆虫内部器官的位置;掌握消化器官、排泄器官和循环器官的构造。

二、工具及材料

(1)工具　解剖镜,解剖剪,解剖镊子,大头针,蜡盘,烧杯,挑针等。

(2)材料　东亚飞蝗冷冻标本或浸渍标本。

三、方法与内容

(一)解剖方法

按照以下方法解剖蝗虫。

取蝗虫 1 头,先剪去翅和足;接着从肛门开始,沿背中线偏左向前剪至头部,再沿背中线偏右向前剪至头部;剪时刀尖应紧贴背板,以免剪伤内部器官;然后用大头针自剪开处沿下方的体壁斜插到蜡盘中,将体壁张开并固定于蜡盘内;用镊子将背壁取下,背面向下放置于蜡盘中;加入生理盐水浸渍虫体;在体视显微镜下仔细观察以下内部组织和器官。

(二)观察内容

1. 内部器官的位置

(1)体壁　体躯外壳的坚硬构造。

(2)气管系统　由体躯两侧气门通入、由粗变细分支的白色(有些昆虫为褐色)气管主干或气管分支。气管的末端伸入到了各内部器官。蝗虫的气管还膨大形成了气囊。

（3）内部生殖器官　在消化道背侧面有 1 对黄色卵巢或精巢，通过侧输卵管或输精管连接位于消化道腹面中央的中输卵管或射精管。

（4）消化道和马氏管　将内部生殖器官移去，可看到完整的消化道。消化道是 1 条自口前腔至肛门的管道。将消化道自前端的口前腔、后端的肛门处与虫体剥离，移除到蜡盘中待用，并观察其上的马氏管。胸部消化道下方可见葡萄穗状唾腺。

（5）腹神经索　观察位于腹面中央的腹神经索。腹神经索呈灰白色，有神经索和神经节。

（6）体壁肌　附着在体壁下或体壁内突上，其中具翅胸节内的背纵肌和背腹肌特别发达。

（7）背血管　观察剪下的背壁的背隔之下，可见紧贴体壁背中线下面的白色或黄白色直管。

2. 消化道及马氏管

仔细观察前面已与虫体剥离的消化道。消化道分为前肠、中肠和后肠 3 段，找出消化道的各部分。

（1）前肠　前端为口，口后为咽喉和较细的食道，食道之后膨大部分为嗉囊，嗉囊之后为前胃，前胃外面包围有胃盲囊。

（2）中肠　前肠与中肠交界处有 6 对胃盲囊。中肠与后肠交界处着生有褐色细管状马氏管，分布于消化道上。每个胃盲囊分为前后两部分，前端大，覆盖在前胃处。

（3）后肠　前端为前粗后细的回肠，外部有 12 条纵行肌肉；回肠后呈"S"形转折的细长部分是结肠，外部有 6 条纵行肌肉；结肠后膨大部分是直肠，外部有 6 条纵行肌肉，其末端开口于肛门。

（4）马氏管　着生于中肠与后肠交界处，褐色细管，端部游离于体腔中，数量很多，长度不长。

3. 背血管

将前面剪下的蝗虫背壁放入蜡盘中，并加入水。背板的背中线下方的 1 根管状结构即为背血管。

思考题

1. 绘蝗虫消化道构造图。

2. 简述昆虫血液循环的过程与特点。

3. 简述昆虫马氏管的基段和端段的组织结构和功能异同。

实验九　昆虫的呼吸器官和神经系统

一、目的

掌握昆虫呼吸器官和神经系统的构造。

二、材料

浸渍蝗虫(冰冻蝗虫),家蚕幼虫,豆虫。

三、内容与方法

(一)呼吸器官

1.气门及气管

(1)蝗虫　取蝗虫1头,找出位于中胸和后胸侧板前缘的胸部气门以及1~8腹节背板两侧的腹气门。

观察蝗虫胸部外闭式气门,找出唇形活瓣。

解剖蝗虫,观察其气管系统。找出气门气管、背纵干、内脏纵干、腹纵干、气管连锁、支气管、气囊及伸入肌肉、卵巢等的气管分支。

(2)家蚕　取家蚕幼虫1头,观察其胸部和腹部气门的位置、数目和形态。

解剖家蚕,将家蚕幼虫沿背中线偏左剪开,接着用大头针自剪开处沿体壁两侧向内斜插,将其固定于蜡盘内,加入水浸渍虫体,在显微镜下观察气管的分布,分别找出侧纵干、背气管、内脏气管和腹气管等。

将家蚕的1个气门及其周围体壁剪下,在水中将周围的脂肪体清除。在解剖镜下从体壁内侧观察,可看到气门及气门气管分出的褐色气管丛及气管内的螺旋丝,将气管轻轻取下,可以观察内闭式气门的构造,包括闭弓、闭带和闭肌。

比较家蚕幼虫与蝗虫气门数目有何不同。

2.气管的组织结构

与体壁相似,只是层次内外相反,由内向外分为内膜、管壁细胞层和底膜。

在生物显微镜下观察家蚕幼虫气管横切玻片,仔细区别气管组织的各层结构。

3.水生昆虫的呼吸器官

观察比较蜻蜓的直肠鳃、豆娘稚虫尾部的气管鳃和蜉蝣稚虫腹部的气管鳃。

(二)中枢神经系统

昆虫的中枢神经系统包括脑和腹神经索。

取豆虫1头,沿背中线从肛门剪至头部,注意剪头壳时,剪尖不能深入到内部。将虫体固定于蜡盘中,并加水浸渍虫体,将消化道从肛门处剪断,同时将颈部位置的消化道也剪断,并将消化道移除,后置解剖镜下观察,从后向前,依次找到各个神经节及连接它们的神经。

1.腹神经索

复合神经节:较大,其上有很多神经分布到后肠、生殖器官等。

第7腹节神经节:与复合神经节相距很近,其上也有侧神经分布。

第1~6腹节神经节:神经节之间都有1条神经索相连,神经节上有侧神经分布。

胸部的3个神经节:这3个神经节间各有2条神经索相连,在前胸及中胸神经节上还有向后延伸的中神经。

咽下神经节:咽下神经节有2条神经(围咽神经索)围绕在消化道两侧,与位于消化道之上的脑相连。

2.脑

在头壳内,咽喉上方,观察脑的形状。

前脑位于脑背上方,中脑位于前脑下方,左右成对,后脑位于中脑下方,左右成对,向下发出围咽神经连锁和围咽神经索。

思考题

1.列表比较蝗虫和家蚕幼虫的气门数目及位置。

2.简述昆虫气管系统的排布及昆虫的呼吸机制。

3.绘豆虫中枢神经系统图。

实验十　昆虫的生殖系统

一、目的

掌握昆虫生殖系统的基本构造。

二、材料

浸渍或冰冻雌、雄蝗虫。

三、内容与方法

取雌蝗虫或雄蝗虫 1 头,剪去翅和足,再从腹末沿背中线剪开,用大头针斜插,撑开体壁并固定于蜡盘内,用水浸渍虫体,将消化道末端及前端分别剪断,并将消化道移除。

(一)雌性内生殖器官

1. 雌性内生殖器的构造

在体视显微镜下观察,可见在消化道的背面两侧并排着 1 对黄色卵巢。在卵巢的侧下方、消化道的外侧可见侧输卵管。

在消化道末端腹面的位置,可见到两条侧输卵管汇入的中输卵管,中输卵管开口于生殖腔。在生殖腔背面连有 1 条细长、弯曲、折叠的管子,其端部膨大,是受精囊,受精囊上的细管就是受精囊腺。

卵巢由卵巢管组成。每个卵巢管包括端丝、卵巢管本部及卵巢管柄 3 部分。每一侧的端丝汇集成 1 条悬带。

卵巢管的基部以卵巢管柄与卵巢萼相连,并入侧输卵管,侧输卵管的端部是雌性附腺。

2. 卵巢管内卵子的发育

在生物显微镜下,观察蝗虫卵巢管纵切玻片标本。仔细观察卵子在卵巢管内的发育过程并区别卵母细胞和卵子。

(二)雄性内生殖器官

1.雄性内生殖器的构造

取雄蝗虫1头,按雌蝗虫解剖方法进行解剖并观察。可见在腹部消化道背面两侧面有1对黄色精巢(睾丸)。睾丸由睾丸小管组成。每个睾丸都与1条细小输精管连通到射精管基部。在输精管与射精管连接处有贮精囊和1对附腺。

2.睾丸小管内精子的发育

在生物显微镜下,观察蝗虫睾丸小管的纵切玻片,可见精子在睾丸小管内的发育过程。仔细辨认精原细胞、精母细胞和精子。

3.精包

观察鳞翅目精包整体封片,可见精包包括膨大成球状的精包体、狭长如颈和精包颈和精包支角(精包颈顶端的1对突起)。

思考题

1.绘蝗虫雌、雄内生殖器构造图,并注明各部分的名称。

2.什么是排卵、授精、受精及产卵?

实验十一　昆虫纲的分目

一、目的

掌握昆虫纲各目的主要形态特征,学会使用和编制分类检索表。

二、材料

(1)浸渍标本　蜉蝣成虫,石蝇成虫,石蛃,衣鱼,白蚁工蚁和兵蚁,啮虫。

(2)玻片标本　鸡虱,猪虱,蓟马,跳蚤。

(3)针插标本或盒装标本　蜻蜓,螽蟖(雌虫和雄虫),螳螂,竹节虫,蝗虫,蝼蛄,蝉,蜻,草蛉,鱼蛉,金龟子,盗虻,家蝇,蝎蛉,石蛾,蝴蝶,蛾,蜜蜂。

(4)示范标本　白蚁蚁王和蚁后、捻翅虫以及各目不同类群的示范标本。

三、内容与方法

(一)昆虫纲成虫的分目检索表

1 原生无翅;腹部第 6 节以前常有附肢 ……………………………………………… 2

—有翅或次生无翅;腹部第 6 节以前无附肢 …………………………………………… 3

2 复眼发达,常在背面相接;胸部较粗,背面拱起;中尾丝明显长于尾须

……………………………………………………………… 石蛃目 Archaeognatha

—复眼退化或消失,在背面不相接;胸部较扁平;中尾丝约与尾须等长

……………………………………………………………………… 衣鱼目 Zygentoma

3 口器咀嚼式或嚼吸式 ……………………………………………………………… 4

—口器刺吸式、虹吸式、舐吸式、刮吸式、锉吸式或切舐式 ………………………… 26

4 有尾须 …………………………………………………………………………………… 5

—无尾须 ……………………………………………………………………………… 18

5 头部延伸成喙状 ……………………………………………………… 长翅目 Mecoptera

—头部不延伸成喙状 ………………………………………………………………………… 6

6 触角刚毛状;翅竖叠于体背上或向两侧平展而不能折叠

　　…………………………………………………………………………………… 7

—触角丝状、念珠状或剑状等;翅平叠于体背或呈屋脊状斜盖于体背;部分无翅

　　…………………………………………………………………………………… 8

7 前翅大,后翅很小,无翅痣或结脉;尾须细长而多节,有时有中尾丝

　　………………………………………………………… 蜉蝣目 Ephemeroptera

—前后翅大小相似或后翅更宽,有翅痣和结脉;尾须粗短不分节,无中尾丝

　　…………………………………………………………… 蜻蜓目 Odonata

8 前胸背板发达,明显大于中胸和后胸;前足开掘足或后足跳跃足

　　…………………………………………………………… 直翅目 Orthoptera

—前胸背板常不发达;前足步行足或捕捉足,后足步行足 ………………… 9

9 跗节 4～5 节 ………………………………………………………… 10

—跗节 2～3 节 ……………………………………………………… 15

10 前口式 ……………………………………………………………… 11

—下口式 ……………………………………………………………… 12

11 触角念珠状;前后翅均为膜翅,或无翅 ……………… 等翅目 Isoptera

—触角丝状;无翅 ………………………………… 蛩蠊目 Grylloblattodea

12 前胸比中胸短小;体细长如枝或宽扁似叶 ……… 螂目 Phasmatoptera

—前胸比中胸长或宽大 ……………………………………………… 13

13 单眼 2 个;前胸背板盾形,宽明显大于长;3 对足均为步行足

　　…………………………………………………………… 蜚蠊目 Blattodea

—单眼 3 个或无;前胸背板长形,长明显大于宽;前足为捕捉足 …… 14

14 单眼 3 个;有翅 ……………………………………… 螳螂目 Mantodea

—无单眼;无翅 ………………………………… 螳螂目 Mantophasmatodea

15 跗节 2 节;触角 9 节;尾须短线状,不分节 ……… 缺翅目 Zoraptera

—跗节 3 节;触角多于 9 节;尾须铗状或分开 …………………… 16

16 前足基跗节膨大,具丝腺;有翅种类的前翅与后翅相似 … 纺足目 Embioptera

—前足基跗节正常,不具丝腺;有翅种类的后翅比前翅宽大 …… 17

17 前翅短覆翅或短鞘翅;尾须坚硬成铗状 ………… 革翅目 Dermaptera

—前翅和后翅均为膜翅;尾须丝状 ………………… 襀翅目 Plecoptera

18 跗节 1～3 节,前跗节有爪;无翅或前翅为膜翅 ……………… 19

—跗节常 4～5 节,如 3 节以下则前跗节无爪;或前翅为鞘翅、膜翅或毛翅 …… 20

19 触角 11 节以上;后唇基特别发达;有翅或无翅;跗节 2～3 节

.... 啮虫目 Psocoptera

—触角 3～5 节；后唇基正常，不发达；无翅；跗节 1～2 节

.... 虱目 Phthiraptera（部分）

20 雄虫前翅棒翅，后翅宽大；雌虫无翅，无足 .... 捻翅目 Strepsiptera

—前翅为鞘翅、膜翅或毛翅... 21

21 前翅为鞘翅，后翅为膜翅；体壁坚硬如甲 .... 鞘翅目 Coleoptera

—前翅和后翅均为膜翅或毛翅；体壁一般不坚硬............................ 22

22 后翅前缘有 1 排翅钩；腹部第 1 节常并入胸部成为并胸腹节

.... 膜翅目 Hymenoptera

—后翅前缘无翅钩；腹部第 1 节不并入胸部............................... 23

23 前胸短小；足胫节上有长的端前距和端距；前翅和后翅为毛翅

.... 毛翅目 Trichoptera

—前胸发达；足胫节上无端前距，端距较小或呈爪状；前翅和后翅为膜翅 24

24 后翅臀区发达，可以折叠 .... 广翅目 Megaloptera

—后翅臀区很小，不能折叠.. 25

25 下口式；前胸不延长，如延长则前足捕捉足；雌虫无特化的产卵器

.... 脉翅目 Neuroptera

—前口式；前胸向前延长；前足步行足；雌虫有针状产卵器

.... 蛇蛉目 Raphidioptera

26 无翅 27

—有翅 28

27 体侧扁；跳跃足；跗节 5 节 .... 蚤目 Siphonaptera

—体平扁；攀登足；跗节 1 节 .... 虱目 Phthiraptera（部分）

28 口器虹吸式；前翅和后翅均为鳞翅 .... 鳞翅目 Lepidoptera

—口器舐吸式、刮吸式、锉吸式、切舐式或刺吸式；翅上无鳞片 29

29 口器舐吸式、刮吸式、切舐式或刺吸式；后翅为棒翅；跗节 5 节

.... 双翅目 Diptera

—口器锉吸式或刺吸式；跗节 1～3 节 30

30 口器锉吸式；两对翅均为缨翅；前跗节端部无爪，但有 1 个端泡

.... 缨翅目 Thysanoptera

—口器刺吸式；前翅半鞘翅、膜翅或覆翅；前跗节端部有爪，无端泡

.... 半翅目 Hemiptera

（二）昆虫纲各目特征

昆虫纲分目的主要特征包括翅的有无和类型，口器类型，足类型，触角类型及节数，尾须的有无及节数，足的跗节数及变态类型和生活环境等。

根据以上昆虫纲分目检索表鉴定各编号标本至所属的目，然后对照普通昆虫学教材的相应章节，仔细观察各目的形态特征。

（1）石蛃目　观察石蛃，其复眼常背面相接、胸部背面拱起和中尾丝明显长于尾须3个特征可与衣鱼目区别。

（2）衣鱼目　观察衣鱼，其复眼背面不相接、胸部背面扁平和尾须与中尾丝几乎等长3个特征可与石蛃目区别。

（3）蜉蝣目　观察蜉蝣的腹部末端，该目与石蛃目、衣鱼目均具有中尾丝，但因有翅可与石蛃及衣鱼区别。该目前翅大、三角形，后翅小、近圆形，可与其他目区别。

（4）蜻蜓目　观察蜻蜓成虫的合胸和结脉形状、外生殖器和副生交配器形状和着生位置。

（5）襀翅目　比较其前胸背板、中胸背板和后胸背板的形状和大小。

（6）等翅目　观察白蚁的蚁王、蚁后、工蚁和兵蚁等不同社会等级个体的头部形状、口向、触角形状和节数、复眼和单眼的大小和形状、翅的有无和长短、翅基缝和翅鳞。

（7）蜚蠊目　观察蜚蠊的雌雄异型现象，雌虫无翅，雄虫有翅。

（8）螳螂目　观察螳螂头部形状、复眼和单眼位置，前胸细长、前足开掘足。

（9）蛩蠊目　比较该目与蜚蠊目、缺翅目昆虫和蟋蟀的异同。

（10）螳螋目　比较该目与螳螂目、螋目的异同。

（11）螋目　观察竹节虫的拟态现象。

（12）纺足目　比较雌雄两性的异同。观察前足基跗节的形状与结构。

（13）直翅目　观察蝗虫复眼的发达程度、单眼数目、前胸背板形状和大小，比较前翅与后翅的形状、质地和纵脉情况。

（14）革翅目　观察蠼螋，比较该虫与鞘翅目的不同。

（15）缺翅目　比较有翅型与无翅型的不同。

（16）啮虫目　注意后唇基的特点，比较有翅型与无翅型的不同。

（17）虱目　观察虱目昆虫的玻片标本，比较咀嚼式与刺吸式口器类群在形态上的异同。

（18）缨翅目　镜下观察蓟马玻片标本，注意观察其翅、口器及胸足末端的端泡。

(19)半翅目　观察蝽体躯背面,指出各部分名称;观察前翅及口器着生位置,观察成虫与若虫臭腺所在位置。

(20)脉翅目　观察草蛉或蚁蛉,比较其与广翅目形态的不同。

(21)广翅目　观察鱼蛉,比较雌虫与雄虫形态的不同。

(22)蛇蛉目　观察腹部末端,比较雌虫与雄虫形态的不同。

(23)鞘翅目　观察金龟甲体躯背面,指出各部分的名称。

(24)捻翅目　观察复眼中小眼的形状、雄性触角的形状、足的转节与腿节合并情况。

(25)双翅目　观察食蚜蝇,找出后翅;观察其口器是什么类型。

(26)长翅目　比较其成虫和幼虫与脉翅目的区别。

(27)蚤目　比较蚤目与虱目的不同。

(28)毛翅目　观察石蛾,其翅、口器与鳞翅目蛾类的区别是什么。

(29)鳞翅目　观察蛾类的口器、翅的特点,比较蝴蝶与蛾的区别。

(30)膜翅目　观察蜜蜂,掌握其翅、口器特点。

思考题

1.比较连续式、双项式和包孕式 3 种常用检索表的优缺点。

2.编制石蛃目、蜉蝣目、蜻蜓目、蜚蠊目、缨翅目、等翅目、直翅目、半翅目、脉翅目、鞘翅目、双翅目、鳞翅目和膜翅目成虫的双项式分类检索表。

3.在昆虫纲的 30 个目中,哪些目有典型的雌雄二型现象?哪些目成虫完全无翅?

4.编制双项式分类检索表应注意什么问题?

实验十二　直翅目及其分科

一、目的

掌握直翅目的分类方法和常见科的主要形态特征。

二、材料

(1)浸渍标本　蝼蛄。
(2)针插标本　蝗虫,菱蝗,蟋蟀,螽斯,蝼蛄。
(3)盒装标本　蝗虫,菱蝗,蟋蟀,螽斯,蝼蛄。

三、内容与方法

(一)直翅目分科的主要特征

观察所列标本的以下特征。
触角长短、节数;
听器的有无及所在位置:腹听器、足听器;
前足或后足类型:跳跃足或步行足;
跗节式:4-4-4、3-3-3、2-2-1、2-2-3;
产卵器形状:凿状、刀状、剑状。

(二)直翅目常见科分类检索表

1 触角丝状,多于 30 节,常长于或等于体长;听器在前足胫节基部外侧;雌虫产卵器较长,刀状、针状、长杆状或长矛状,或雌虫产卵器退化;雄虫以前翅相互摩擦发音(螽亚目 Ensifera) ·· 2
—听器在第 1 腹节背面两侧或无;雌虫产卵器短,凿状,或雌虫产卵器退化(蝗亚目 Caelifera) ·· 4
2 跗节 4 节;雌虫产卵器刀状 ······················· 螽斯科 Tettigoniidae

—跗节 3 节；雌虫产卵器针状、长矛状、长杆状或退化 ································ 3

3 前足开掘足；后足步行足；雌虫产卵器退化 ············· 蝼蛄科 Gryllotalpidae

—前足步行足；后足跳跃足；雌虫产卵器针状、长矛状或长杆状

··· 蟋蟀科 Gryllidae

4 跗节式 3-3-3；有腹听器和发音器 ···················· 蝗科 Acrididae

—跗节式 2-2-1 或 2-2-3；无发音器或听器 ····························· 5

5 前足步行足；跗节式 2-2-3 ························· 蚱科 Tetrigidae

—前足开掘足；跗节式 2-2-1 ················· 蚤蝼科 Tridactylidae

(三)直翅目常见科的主要鉴别特征

根据直翅目分科检索表鉴定各标本至所属的科,然后根据课堂讲授内容,仔细观察各科的形态特征,重点观察常见科的如下一些特征。

(1)螽斯科　触角与体躯等长或长于体躯;跗节式 4-4-4;雌虫产卵器马刀状;前足胫节基部外侧有足听器;尾须短小。

(2)蟋蟀科　与螽斯科相似,观察其触角长度、跗节式、雌虫产卵器形状、足听器及尾须。比较蟋蟀科与螽斯科有何异同。

与蝼蛄科和蝗科相同,跗节都是 3 节,但触角与体长等长或长于体长及雌虫产卵器针状、长矛状或长杆状等特征可与两者区别。观察其听器,位置与螽斯科相似。

(3)蝼蛄科　前足开掘足;雌虫产卵器退化;后翅突出腹部末端呈尾状;尾须长;听器位置与螽斯、蟋蟀相似,狭缝状。

(4)蝗科　前胸背板马鞍形;触角短于体躯;跗节式 3-3-3,与蟋蟀、蝼蛄相同;有腹听器;产卵器凿状。

(5)蚱科　前胸背板呈菱形;跗节式 2-2-3,可与其他科区别。

(6)蚤蝼科　与蝼蛄科相似,但前足胫节无听器、后足跳跃足和跗节式 2-2-1。

思考题

1.列表比较螽斯科、蟋蟀科、蝼蛄科、蝗科、蚱科与蚤蝼科的形态区别。

2.编制螽斯科、蟋蟀科、蝼蛄科、蝗科、蚱科双项式分科检索表。

实验十三　半翅目及其分科

一、目的

掌握半翅目的分类方法和常见科的主要形态特征。

二、材料

(1)针插标本　黄斑蝽(或茶翅蝽等),龟蝽,田鳖,蝎蝽,仰蝽,猎蝽,盲蝽,长蝽,缘蝽,土蝽,盾蝽,蚱蝉,沫蝉,角蝉,斑衣蜡蝉。

(2)浸渍标本(冰冻标本)　飞虱,叶蝉,桃蚜或棉蚜,吹绵蚧,粉蚧。

(3)玻片标本　花蝽,梨木虱,烟粉虱或温室白粉虱,桃蚜或棉蚜,苹果绵蚜,葡萄根瘤蚜,飞虱,日本龟蜡蚧,桃白蚧,雄性介壳虫。

(4)盒装标本　梨网蝽,蝉,朝鲜球坚蚧(或白蜡蚧),桃白蚧(或矢尖蚧),白蜡虫及其分泌的白蜡。

(5)示范标本　半翅目常见科的示范标本。

三、内容与方法

(一)半翅目的分类特征和方法

半翅目分亚目的主要特征:翅类型、喙的着生位置、触角类型。

分科主要特征:触角类型和节数,喙节数,单眼数目,前胸背板形状,前翅有无缘片、楔片和膜质部脉序,小盾片形状和大小,足类型、后足胫节有无距或刺突、跗节式、爪着生位置,腹管、管状孔、肛环或臀板等。

(二)半翅目常见科分类检索表

—前翅基部无肩片；前翅臀区没有"Y"形脉（蝉亚目 Cicadomorpha）……………… 5

3 后翅臀区多横脉，脉序网状；头多向前延伸，唇基有侧脊

…………………………………………………………………… 蜡蝉科 Fulgoridae

—后翅臀区少横脉，脉序不呈网状 ……………………………………………… 4

4 前翅臀区脉上有颗粒；后足胫节端部无距 …………………… 蛾蜡蝉科 Flatidae

—前翅臀区脉上无颗粒；后足胫节端部有 1 枚大距 …………… 飞虱科 Delphacidae

5 单眼 3 个；前足开掘足，腿节常具齿或刺；跗节无中垫………… 蝉科 Cicadidae

—单眼 2 个；前足步行足，腿节常无齿或刺；跗节有中垫 ……………………… 6

6 前胸背板发达，向前、向后、向上或向两侧延伸成角状突出

…………………………………………………………………… 角蝉科 Membracidae

—前胸背板正常，无角状突出 …………………………………………………… 7

7 后足胫节有 2 条以上棱脊，棱脊上有成列小刺 ……………… 叶蝉科 Cicadellidae

—后足胫节有 1～2 个侧刺，末端有 1～2 圈端刺 …………………………… 8

8 复眼近圆形，长约等于宽；前胸背板前缘直或稍向前突

…………………………………………………………………… 沫蝉科 Cercopidae

—复眼长卵圆形，长大于宽；前胸背板前缘向前突出或呈角状

…………………………………………………………… 尖胸沫蝉科 Aphrophoridae

9 喙从前足基节间伸出；前翅覆翅或膜翅；雌虫产卵器有 3 对产卵瓣或无特化的产卵器（胸喙亚目 Sternorrhyncha）……………………………………………… 10

—喙从头部前下方伸出；前翅半鞘翅；雌虫产卵器有 2 对产卵瓣（异翅亚目 Heteroptera）…………………………………………………………………………… 21

10 跗节 2 节 ……………………………………………………………………… 11

—跗节 1 节 ……………………………………………………………………… 16

11 触角 10 节，末节端部具 2 刺；单眼 3 个；前翅 R 脉、M 脉和 Cu₁ 脉基部愈合，近翅中部分分成 3 支，近翅端部每支再各 2 分支 …………… 木虱科 Psyliidae

—触角 3～7 节，末节端部正常；单眼 2 个………………………………… 12

12 触角 7 节；体和翅上被有白色蜡粉 ………………………… 粉虱科 Aleyrodidae

—触角 3～6 节；体和翅上没有白色蜡粉 ……………………………………… 13

13 头部与胸部之和不长于腹部；前翅有 Rs 脉、M 脉、Cu₁ 脉和 Cu₂ 脉 4 条斜脉；尾片有各种形状；腹部常有腹管 ……………………………………………… 14

—头部与胸部之和长于腹部；前翅有 M 脉、Cu₁ 脉和 Cu₂ 脉 3 条斜脉；尾片半月形；腹部无腹管 …………………………………………………………………… 15

14 腹管明显突出；触角上有圆形感觉孔 ……………………………… 蚜科 Aphididae

—腹管不明显;触角上有横带状感觉孔 ·················· 瘿绵蚜科 Pemphigidae

15 有翅型触角 5 节,有 3～4 个宽带状感觉孔,无翅型触角 3 节;有翅型的前翅 Cu_1 脉和 Cu_2 脉基部分离,后翅仅 1 条斜脉 ·················· 球蚜科 Adelgidae

—有翅型和无翅型触角均是 3 节,有翅型有 2 个感觉孔,无翅型只有 1 个感觉孔;有翅型的前翅 Cu_1 脉和 Cu_2 脉基部共柄,后翅无斜脉 ··· 根瘤蚜科 Phylloxeridae

16 雌虫腹部有气门;雄虫有复眼 ··· 17

—雌虫腹部无气门;雄虫无复眼 ··· 18

17 雌虫有口器 ··· 绵蚧科 Monophlebidae

—雌虫无口器 ··· 珠蚧科 Margarodidae

18 雌虫腹末有臀裂;肛门上有 2 块三角形的肛板 ············· 蚧科 Coccidae

—雌虫腹末无臀裂;肛门上无肛板 ··· 19

19 雌虫被有盾形介壳;腹部第 4～8 节或第 5～8 节愈合成臀板;肛门周围无肛环或肛环刺毛 ··· 盾蚧科 Diaspidiae

—雌虫不被盾形介壳;腹部末端几节不愈合成臀板;肛门周围有肛环和肛环刺毛 ··· 20

20 雌虫体包被在树脂状蜡质内;腹部末端有管状的肛突 ········ 胶蚧科 Kerridae

—雌虫体包被在蜡粉内;腹部末端无管状的肛突 ········· 粉蚧科 Pseudococcidae

21 触角比头短,隐藏在复眼下的槽内 ·· 22

—触角比头长或等长,常显露在外面 ·· 25

22 前足捕捉足;后足步行足 ··· 23

—前足非捕捉足;后足游泳足 ··· 24

23 体细长如螳螂或宽阔似蝎子;腹末的呼吸管长 ·············· 蝎蝽科 Nepidae

—体长卵形,扁平;腹末的呼吸管短 ·············· 负蝽科 Belostomatidae

24 头部的后缘盖住前胸背板的前缘;体背隆起不明显,游泳时背向上,腹面朝下;前足跗节匙状 ··· 划蝽科 Corixidae

—头部的后缘不盖住前胸背板的前缘;体背隆起明显,游泳时背向下,腹面朝上;前足跗节正常,不为匙形 ··························· 仰泳蝽科 Notonectidae

25 腹部腹面密被银白色绒毛;水生 ·· 26

—腹部腹面不被银白色绒毛;陆生 ·· 28

26 头部比胸部长或等长,体细长如杆 ··················· 尺蝽科 Hydrometridae

—头部明显比胸部短 ··· 27

27 前足前跗节不分裂,爪着生在末端 ····················· 水蝽科 Mesoveliidae

—前足前跗节分裂,爪着生在末端之前 ····················· 黾蝽科 Gerridae

(三)半翅目常见科的主要鉴别特征

根据半翅目分科检索表鉴定各标本至所属的科,然后对照教材相应章节,仔细观察各科的形态特征,注意比较胸喙亚目、蜡蝉亚目、蝉亚目和异翅亚目4个亚目的昆虫在触角形状和节数、喙的着生位置、前翅基部是否有肩片、跗节式和雌虫产卵器构造等方面的区别。重点观察常见科的识别特征。

(1)木虱科　触角10节,末节端部有2刺;前翅基半部仅有1条翅脉。

(2)粉虱科　体躯及翅上布满白色蜡粉;成虫和第4龄若虫腹部第9节背板有1个管状孔。

(3)蚜科　头部与胸部之和不长于腹部;触角6节,观察末前节端部和末节基部的端部的原生感觉孔,及3~4节上的圆形次生感觉孔;观察是否有额瘤;前翅在翅前缘有1条纵脉的主干,翅痣后有4条斜脉(Rs脉、M脉、Cu_1脉和Cu_2脉);观察M脉有2分支还是3分支;停息时两对翅屋脊状叠放于体背;腹部有1对腹管和1个尾片。

(4)瘿绵蚜科　与蚜科的区别是,触角上有横带状感觉孔;腹部腹管退化或消失。

(5)根瘤蚜科　头部与胸部之和长于腹部;触角3节,有翅型有2个纵长感觉孔,无翅型有1个感觉孔;前翅3条斜脉(M脉、Cu_1脉和Cu_2脉),且Cu_1脉和Cu_2脉基部共柄;停息时两对翅平放于体背;腹部无腹管;尾片半月形。

(6)球蚜科　与根瘤蚜科的区别是,触角上有宽带状感觉孔;前翅有3条斜脉,且Cu_1脉和Cu_2脉基部分离;停息时两对翅屋脊状叠放于体背。

比较蚜科、瘿绵蚜科、根瘤蚜科与球蚜科异同。

(7)绵蚧科　雌虫草鞋状;雌虫体背有白色卵囊;触角11节。雄虫腹末有1对突起。

(8)粉蚧科　雌虫被粉状蜡质;触角5~9节;肛门周围有肛环和肛环刺毛4~8根。雄虫腹末有1对白色长蜡丝。

(9)蚧科　雌虫常被蜡质物质;虫体触角退化或无;腹末有臀裂;肛门上有2块肛板。雄虫腹末有2条长蜡丝。

(10)盾蚧科　雌虫被盾状介壳;触角1节或无;腹部第4~8节或第5~8节愈合成臀板。雄虫腹末无蜡丝。比较雌雄两性盾状介壳的形状和大小。

(11)飞虱科　触角刚毛状;后足胫节端部有1枚大距。

(12)蝉科　触角刚毛状;前足开掘足;前翅和后翅均是膜翅。比较雌虫与雄虫在外生殖器、发音器和听器3方面的区别。

(13)叶蝉科　触角刚毛状;后足胫节有2条以上的棱脊,棱脊上有成列小刺。

(14)沫蝉科　后足胫节有1~2个侧刺,末端有1~2圈端刺。

(15)角蝉科　前胸背板向不同方向延伸成角状突出。

（16）蝽科　前翅半鞘翅；触角 5 节；中胸小盾片长于爪片；膜片有多条纵脉；腹部第 2 气门被后胸侧板遮盖。

（17）网蝽科　头部背面、前胸背板及前翅上有网状纹。

（18）猎蝽科　头部后端细，呈颈状；喙 3 节，粗短且弯曲不能平贴于头胸部腹面；腹部侧接缘明显宽于翅；膜片上具 2 个翅室各发出 1 条纵脉。

（19）盲蝽科　无单眼；触角 4 节；前翅在楔片与膜片相接处呈钝角弯曲；有楔片；膜片有 2 个翅室。

（20）花蝽科　与盲蝽科相似。其区别是有单眼、前翅有缘片；膜片上无翅室。

（21）缘蝽科　触角 4 节；足常有扩展成叶状的突起；后足腿节常膨大；前翅膜片有 8 条以上分枝的纵脉从一条基横脉上伸出。

（22）盾蝽科　小盾片盾形，盖住翅和整个腹部。

（23）土蝽科　体黑色或红褐色；触角 5 节；足胫节多刺毛。

（24）负蝽科　前足捕捉足；腹末的呼吸管短。

（25）蝎蝽科　体形像螳螂或蝎子。前足捕捉足；腹末的呼吸管长。

思考题

1.绘飞虱科、蝉科、叶蝉科、沫蝉科和角蝉科后足胫节特征图。

2.列表比较绵蚧科、粉蚧科、蚧科、盾蚧科的主要区别。

3.绘木虱科、粉虱科、蚜科、球蚜科和根瘤蚜科触角、前翅和后翅特征图。

4.绘粉虱科蛹壳和蚧科整体图。

5.列表比较异翅亚目主要科的主要区别。

6.绘花蝽科或盲蝽科前翅图，注明缘片、楔片、爪片和膜片。

实验十四　缨翅目及其分科

一、目的

掌握缨翅目的分类方法和常见科的主要形态特征。

二、材料

玻片标本:葱蓟马,管蓟马,纹蓟马。

三、内容与方法

(一)缨翅目的分科特征和方法

　　缨翅目分科的主要特征包括触角节数,前翅端部形状和翅面上是否有横脉和被毛,雌虫腹部末端形状、是否纵裂和产卵器的弯向等。

　　蓟马个体微小,须借助生物显微镜才能看清其分类特征。观察缨翅目玻片标本时,一定要对聚光器光圈及视野亮度进行调节,再调节微调焦旋钮,才能看清楚触角上感器、翅及翅上微毛和翅脉。

　　雌虫产卵器末端弯向从常规玻片标本中有时无法识别,需借助其他特征综合判断。

(二)缨翅目常见科分类检索表

1 前翅光滑无毛,无翅脉或仅有 1 条短中脉;雌虫腹部末端管状,腹面不纵裂,无特化产卵器(管尾亚目 Tubulifera) ………………………… 管蓟马科 Phlaeothripidae

—前翅有微毛,有 1~2 条纵脉,有时还有横脉;雌虫腹部末端圆锥形,腹面纵裂,有锯状产卵器(锥尾亚目 Terebrantia) ………………………………………… 2

2 触角 9 节,第 3~4 节上有带状感器;前翅宽且端部钝圆,常有横脉和暗色斑纹;侧观雌虫产卵器末端向上弯曲 ………………………… 纹蓟马科 Aeolothripidae

—触角 6~9 节,第 3~4 节上有叉状感器;前翅狭长且端部尖,无横脉或暗色斑纹;

侧观雌虫产卵器末端向下弯曲 ………………………………………… 蓟马科 Thripidae

(三)缨翅目常见科的主要鉴别特征

依据缨翅目分类检索表鉴定各标本至所属的科,然后对照普通昆虫学教材的相应章节,仔细观察各科的形态特征。

(1)管蓟马科　前翅光滑无毛,无翅脉。

(2)纹蓟马科　前翅末端钝圆,常有纵脉、横脉和暗色条纹。少数玻片标本能观察到其向上弯曲的产卵器。

(3)蓟马科　前翅末端尖,有纵脉,但无横脉或暗色条纹。少数玻片标本能观察到其向下弯曲的产卵器。

思考题

1.列表比较管蓟马科、纹蓟马科与蓟马科的形态区别。

2.绘纹蓟马科和蓟马科的腹部末端图,注明各部分名称。

实验十五　脉翅目及其分科

一、目的

掌握脉翅目的分类方法和常见科的识别特征。

二、材料

（1）浸渍标本　蚜狮，蚁狮。
（2）针插标本　草蛉，蚁蛉，螳蛉，蝶角蛉。
（3）盒装标本　草蛉科，蚁蛉科，螳蛉科，蝶角蛉科。

三、内容与方法

（一）脉翅目的分科特征和方法

脉翅目分科的主要特征包括触角类型、长短、单眼数目、前足类型、翅被粉状物与否、脉序等。

（二）脉翅目常见科分类检索表

1 体和翅上被有白粉；前翅前缘无横脉列和翅痣；体多小型
　　……………………………………………… 粉蛉科 Coniopterygidae
—体和翅上无白粉；前翅前缘有横脉列和翅痣；体多为中型或大型………… 2
2 触角棍棒状 ………………………………………………………………… 3
—触角丝状或念珠状………………………………………………………… 4
3 触角短于体长之半；翅痣下方的翅室长宽比大于 4 …… 蚁蛉科 Myrmeleontidae
—触角长于体长之半；翅痣下方的翅室长宽比小于 3 …… 蝶角蛉科 Ascalaphidae
4 前足捕捉足；前胸延长　………………………………… 螳蛉科 Mantispidae
—前足步行足；前胸正常 …………………………………………………… 5

5 体黄褐色;触角念珠状;翅的前缘横脉和 Rs 脉常 2 分叉
·· 褐蛉科 Hemerobiidae

—体常绿色;触角丝状;翅的前缘横脉不分叉·················· 草蛉科 Chrysopidae

(三)脉翅目常见科的主要鉴别特征

根据脉翅目分科检索表鉴定各科至所属的科,然后对照普通昆虫学教材的相关章节,仔细观察各科的形态特征,重点观察常见科的如下特征。

(1)螳蛉科　形似螳螂,但前足着生于前胸前端。

(2)草蛉科　触角约与体等长;复眼金色;翅的前缘横脉不分叉。

(3)蚁蛉科　体形似蜻蜓;触角棍棒状,短于体长一半。

(4)蝶角蛉科　触角棍棒状,长于体长一半。外形与蜻蜓相似。观察二者的差异。

思考题

编制草蛉科、蚁蛉科、蝶角蛉科、螳蛉科双项式分类检索表。

实验十六　鞘翅目及其分科

一、目的

掌握鞘翅目的分类方法和常见科的主要特征。

二、材料

(1)浸渍标本　皮蠹、谷盗、锯谷盗、龙虱、虎甲、步甲、锹甲、金龟甲、粪金甲、鳃金龟、丽金龟、花金龟、吉丁虫、叩头虫、萤火虫、瓢虫(肉食性和植食性)、拟步甲、天牛、叶甲、豆象、象甲和小蠹的幼虫。

(2)针插标本　豉甲，龙虱(♀,♂)，虎甲，步甲，水金龟，埋葬甲，隐翅虫，锹甲(♀,♂)，粪金龟，鳃金龟，丽金龟，花金龟，吉丁虫，叩头虫，萤火虫(♀,♂)，瓢虫(肉食性和植食性)，拟步甲，芫青，天牛，叶甲，豆象，象甲，小蠹。

(3)示范标本　犀金龟(♀,♂)。

三、内容和方法

(一)鞘翅目的分科特征和方法

鞘翅目分科的主要特征包括口向(前口式、下口式)，复眼形状(肾脏形、卵圆形，是否有缺刻等)和着生位置，触角类型和节数，外咽片的有无，前胸背板和中胸小盾片形状，前足基节窝和中足基节窝形状，足的类型和跗节类型，第 1 腹板是否被后足基节窝完全分割成 2 块以及腹节数等。

外咽片:是指一些昆虫头部腹面的中间骨片，由颈部至后幕骨陷之间继续延伸至后颊。当昆虫的颊发达，并与前颊紧密相连，则亚颏向头后扩展后，露出的亚颏即外咽片。外咽片两侧的 2 条缝，称外咽缝。观察步甲的外咽片和外咽缝。

当昆虫的亚颏很发达，强烈向头后扩展后，并在头后颏之上相接触，完全覆盖住颏，使外咽片消失。由于昆虫头部常往下弯，外咽片常被前胸腹板包住。因此，要观察外咽片和外咽缝，就需将昆虫头部往上仰，以露出外咽片和外咽缝。

背侧缝是肉食亚目前胸背板和侧板连接处的特征。

基节窝：用镊子将要观察的甲虫的足连同基节一起夹下，露出的孔即为基节窝。当基节窝被腹板骨片包围时，称基节窝为闭式；反之基节窝为开式。

翅缘折：当鞘翅在侧面突然向内弯折时，弯折部分称翅缘折。如果要观察鞘翅缘折，需将虫体侧面或腹面朝上。

第 1 腹节腹板形状是分亚目特征。用镊子检查步甲（肉食亚目）和金龟甲（多食亚目）后足基节，步甲基节不能活动，基节与腹板愈合；而金龟甲后足基节能够活动，后足基节不与后胸腹板愈合。将基节从虫体上取下，露出的孔即是后足基节窝。对比步甲和金龟甲后足基节窝所占据的位置及与第 1 腹节腹板的关系。可见步甲后足基节窝向后延伸，将第 1 腹板完全分割成 2 块，而金龟甲后足基节窝未能将第 1 腹板完全分开，第 1 腹板的后端相连。

跗节类型也是分类特征，观察时一定要从腹面或背面看，不要从侧面看。从侧面观察不易看到隐藏于膨大跗节之间的短小跗节。鞘翅目昆虫的跗节分为 5-5-5、5-5-4、隐 5 节（伪 4 节）、隐 4 节（伪 3 节）。

（二）鞘翅目常见科分类检索表

1 前胸具背侧缝；后翅具小纵室；后足基节与后胸腹板愈合，并将第 1 腹板完全分开（肉食亚目 Adephaga） ………………………………………………………… 2

—前胸无背侧缝；后翅无小纵室；后足基节不与后胸腹板愈合，没有将第 1 腹板完全分开（多食亚目 Polyphaga） …………………………………………………… 5

2 后足基节伸达鞘翅边缘；第 1 腹节不可见；水生 ………………………………… 3

—后足基节不伸达鞘翅边缘；第 1 腹节可见；陆生 ……………………………… 4

3 前足最长，远离中足和后足；每只复眼分上下两部分 ………… 豉甲科 Gyrinidae

—后足最长，远离前足和中足；复眼正常，不分成两部分 ………… 龙虱科 Dytiscidae

4 下口式；前胸背板比头窄；触角间距小于上唇宽；后足转节正常
…………………………………………………………… 虎甲科 Cicindelidae

—前口式；前胸背板比头宽；触角间距大于上唇宽；后足转节叶状膨大
…………………………………………………………………… 步甲科 Carabidae

5 头部延伸呈喙状；外咽缝 1 条；无外咽片 ……………………………………… 6

—头部正常，不延长；外咽缝 2 条；有外咽片 …………………………………… 8

6 喙长且直 …………………………………………………… 三锥象甲科 Brentidae

—喙短，或长且下弯 …………………………………………………………………… 7

7 喙长且下弯；头部完全暴露，不被前胸背板覆盖；胫节无齿列
…………………………………………………………… 象甲科 Curculionidae

一喙短,不明显;头部后半被前胸背板覆盖;胫节扁,具齿列 ………… 小蠹科 Scolytidae

8 下颚须长于或与触角等长;中胸腹板有 1 个纵刺突 ………… 水龟甲科 Hydrophilidae

一下颚须短于触角;中胸腹板无纵刺突 ……………………………………………… 9

9 跗节式 5-5-4 ………………………………………………………………………… 10

一各足跗节数相等 …………………………………………………………………… 11

10 前足基节窝闭式;爪不分裂 …………………………………… 拟步甲科 Tenebrionidae

一前足基节窝开式;爪 2 分裂 ……………………………………… 芫青科 Meloidae

11 跗节隐 5 节 ………………………………………………………………………… 12

一跗节非隐 5 节 ……………………………………………………………………… 14

12 头部略呈短喙状;前胸背板梯形;后足基节相互靠近;鞘翅短,臀板外露

　　　　……………………………………………………………… 豆象科 Bruchidae

一头部不呈喙状;前胸背板长形;后足基节左右分开;鞘翅长,臀板不外露

　　　………………………………………………………………………………… 13

13 复眼内缘凹陷呈肾形或裂为 2 块,包围触角基部;触角长于体长之半

　　　　………………………………………………………………… 天牛科 Cerambycidae

一复眼卵圆形,不包围触角基部;触角短于体长之半 ……… 叶甲科 Chrysomelidae

14 鞘翅短,末端平截 ………………………………………………………………… 15

一鞘翅正常,末端不平截 …………………………………………………………… 16

15 腹部至少露出末端 5 节背板 ………………………………… 隐翅虫科 Staphylinidae

一腹部露出末端 1～3 节背板 ……………………………………… 埋葬甲科 Silphidae

16 跗节隐 4 节;第 1 腹板上有后基线 …………………………… 瓢虫科 Coccinellidae

一跗节式 5-5-5;第 1 腹板上无后基线 …………………………………………… 17

17 前胸腹板有 1 个楔形突插入中胸腹板沟内 ………………………………………… 18

一前胸腹板无楔形突 ………………………………………………………………… 19

18 前胸背板与中胸连接紧密;前胸背板与鞘翅相接处在同一弧线上

　　　　…………………………………………………………………… 吉丁虫科 Buprestidae

一前胸背板与中胸连接不紧密;前胸背板与鞘翅相接处凹下,后侧角有锐刺

　　　　………………………………………………………………… 叩头甲科 Elateridae

19 常有 3 个单眼;前胸背板端部不下弯;后足基节有容纳腿节的沟槽;足极短,常
缩于体下 ………………………………………………………… 皮蠹科 Dermestidae

一至多有 2 个单眼;前胸背板下弯;后足基节无容纳腿节的沟槽,若有此槽,则足较
长 …………………………………………………………………………………… 20

20 鞘翅柔软 …………………………………………………………………………… 21

—鞘翅坚硬 ……………………………………………………… 22

21 前胸背板多为半圆形,常将头部盖住;腹板有发光器 ……… 萤科 Lampyridae

—前胸背板多为方形,不能将头部盖住;腹部无发光器 ……… 花萤科 Cantharidae

22 触角鳃叶状 …………………………………………………… 23

—触角非鳃叶状 ………………………………………………… 30

23 触角端部几节不能合并;雄虫上颚发达,呈角状向前伸出 … 锹甲科 Lucanidae

—触角端部几节能合并;雄虫上颚正常 ………………………… 24

24 腹部气门全部被鞘翅覆盖 …………………………………… 25

—腹部气门不全部被鞘翅覆盖 ………………………………… 26

25 后足胫节有 1 枚端距;小盾片不外露;中足基节远离;触角 8～9 节
……………………………………………………… 金龟甲科 Scarabaeidae

—后足胫节有 2 枚端距;小盾片外露;中足基节靠近;触角 11 节
……………………………………………………… 粪金龟科 Geotrupidae

26 腹部气门多位于腹板侧端,每侧气门近直线排列;色彩多暗淡
……………………………………………………… 鳃金龟科 Melolonthidae

—腹部气门部分位于侧膜,部分位于腹板两侧,每侧气门呈折线排列;色彩艳丽
…………………………………………………………………………… 27

27 前胸背板向两侧强度扩展,侧缘具密齿;前足强度延长
……………………………………………………… 臂金龟科 Euchiridae

—前胸背板不向两侧扩展,侧缘无密齿;前足正常,不延长 …… 28

28 后足前跗节 2 爪不等长,1 爪末端常分叉 ……………… 丽金龟科 Rutelidae

—后足前跗节 2 爪等长,末端不分叉 ………………………… 29

29 上颚特别发达,从头部背面可见;头部和前胸背板有角状突起
……………………………………………………… 犀金龟科 Dynastidae

—上颚被唇基遮盖,从头部背面不可见;头部和前胸背板无角状突起
……………………………………………………… 花金龟科 Cetoniidae

30 前胸背板和鞘翅具竖毛 ……………………………………… 31

—前胸背板和鞘翅一般无毛 …………………………………… 32

31 上颚具 1 个端齿;前足基节横形;鞘翅表面多粗糙或具纵脊或纵沟
……………………………………………………… 谷盗科 Trogossitidae

—上颚具 1 对端齿;前足基节圆锥形;鞘翅表面相对较光滑 … 郭公虫科 Cleridae

32 形似蜘蛛;触角端部不膨大;鞘翅基部明显窄于端部 ……… 蛛甲科 Ptinidae

—体形正常;触角端部明显膨大;鞘翅基部约与端部等宽 …… 33

33 前胸背板侧缘具锯齿状突起 ……………………………… 锯谷盗科 Silvanidae

—前胸背板侧缘无锯齿状突起 ……………………………… 窃蠹科 Anobiidae

(三)鞘翅目常见科的主要鉴别特征

根据鞘翅目分科检索表鉴定各标本至所属的科,然后对照普通昆虫学教材的相应章节,仔细观察各科的形态特征,注意比较肉食亚目与多食亚目成虫和幼虫的区别。重点观察常见科的如下特征。

(1)豉甲科　每个复眼分为上下两部分;前足细长,远离中足和后足;中足和后足短扁。

(2)龙虱科　体背腹两面呈弧形拱出;后足最长,远离前足和中足;雄虫前足为抱握足。

(3)虎甲科　具有美丽金属光泽;触角丝状,触角间距小于上唇宽度;复眼大而突出;下口式,上颚发达且交叉;前胸背板窄于鞘翅基部;跗节式 5-5-5。幼虫第 5 腹节背面有逆钩;腹末无尾突。

(4)步甲科　与虎甲科相似。但一般为黑色或褐色;触角丝状;前口式;前胸背板几乎与鞘翅基部等宽;后足转节呈叶状膨大;跗节式 5-5-5。

(5)水龟甲科　成虫外形易与龙虱科混淆。腹面中央有 1 条隆起的脊;下颚须长。

(6)埋葬甲科　触角 10 节,棍棒状或锤状;鞘翅短,腹部常露出末端 1～3 节背板;跗节式 5-5-5。

(7)隐翅虫科　该科与埋葬甲科都是鞘翅短,端部平截的类群。观察比较其不同。该科与革翅目有些相似。比较两者的不同。

(8)锹甲科　头大,前口式;鳃叶状触角不发达;上颚发达,呈角状向前伸出。比较雌雄虫的区别。

(9)金龟甲科　头部铲形或多齿;中胸小盾片不外露;鞘翅常有 7～8 条刻点行;中足基节相互远离;后足胫节仅 1 枚端距。

(10)鳃金龟科　触角鳃叶状,鳃叶部 3～7 节;后足 1 对爪等长,均 2 分叉;腹部气门呈直线排列,有 1 对气门露在鞘翅外;跗节式 5-5-5。

(11)丽金龟科　与鳃金龟科相似。但身体有亮丽的金属光泽;后足 1 对爪大小不对称,且大爪常分裂;腹部气门呈折线排列。

(12)花金龟科　与鳃金龟科及丽金龟科相似。但体阔,背面扁平;鞘翅前缘有凹刻;中胸前侧片部分外露,未被前胸背板完全盖住;后足 1 对爪等长;腹部气门呈折线排列。

(13)犀金龟科　头和前胸背板有角状突起。

（14）叩头甲科　身体狭长扁平，腹末端尖削，黑色或褐色；前胸背板后侧角突出呈尖锐的刺；前胸腹板中央有一尖锐的刺突嵌入中胸腹板的凹陷内；跗节式5-5-5。

（15）吉丁甲科　与叩头甲科相似。但前胸背板与鞘翅相接处在同一弧线上；后胸腹板具横缝；跗节式5-5-5。幼虫无足型，前胸扁平，宽于头部和腹部。

（16）萤科　体壁与鞘翅较软；前胸背板盖住头部；腹部有发光器。

（17）皮蠹科　体被鳞片及细绒毛，鞘翅上常具斑纹。前胸背板背侧部具凹槽，可容纳触角；前足基节窝开式。

（18）谷盗科　前胸背板侧缘发达并与基缘相连；鞘翅表面多粗糙或具纵沟纹；前足基节横形。

（19）锯谷盗科　前胸背板侧缘锯齿状；前足和中足基节球形，后足基节横形；前足基节窝闭式。

（20）瓢虫科　体半球形；触角锤状，从背面不易看到；跗节隐4节；第1腹板上有后基线。比较肉食性瓢虫与植食性瓢虫的成虫和幼虫的不同。

（21）拟步甲科　该科外形与步甲科相似。但头小，前胸背板大，头缩入前胸下；前翅具有发达的假缘折；跗节式5-5-4；部分种类无后翅。

（22）芫青科　其跗节式与拟步甲科相同；鞘翅末端分离。

（23）天牛科　触角常长于体长；复眼内缘凹陷呈肾形或分裂为2块，包围触角基部，中胸背部具有发音器；跗节隐5节。比较天牛科幼虫与吉丁虫科幼虫的不同。

（24）叶甲科　一些种类外形与天牛科相似。但触角短于体长；复眼卵圆形。比较叶甲幼虫与瓢虫幼虫的不同。

（25）豆象科　复眼下缘具深的"V"形凹陷；鞘翅短，末端平截，臀板外露。

（26）象甲科　头部延伸成象鼻状或鸟喙状；触角呈膝状弯曲。

（27）小蠹科　胫节扁，具列齿；前翅端部多具翅坡，周缘多具齿突。

思考题

1.列表比较金龟甲科、鳃金龟科、丽金龟科、花金龟科成虫的区别。

2.比较叶甲与瓢甲的异同。

3.比较肉食亚目与多食亚目的异同。

4.鞘翅目幼虫分属哪些类型？各有什么特点？每种类型有哪些鞘翅目类群？

5.绘步甲、芫青、天牛和瓢虫跗节的特征图。

实验十七　鳞翅目及其分科

一、目的

掌握鳞翅目成虫及幼虫的分类方法和常见科的主要形态特征。

二、材料

(一)成虫

(1)浸渍标本　蓑蛾(♀)。

(2)针插标本(盒装标本)　桃潜叶蛾,菜蛾,麦蛾,透翅蛾,木蠹蛾,卷蛾,刺蛾,羽蛾,螟蛾,尺蛾,枯叶蛾,天蚕蛾,蚕蛾,天蛾,毒蛾,灯蛾,舟蛾,夜蛾,弄蝶,凤蝶,粉蝶,蛱蝶,斑蝶,眼蝶,灰蝶。

(3)玻片标本　以下昆虫的脉序:菜蛾,麦蛾,木蠹蛾,卷蛾,刺蛾,螟蛾,尺蛾,枯叶蛾,天蚕蛾,蚕蛾,天蛾,毒蛾,灯蛾,舟蛾,夜蛾,凤蝶,粉蝶。

(4)示范标本　蝙蝠蛾,蓑蛾(♂),细蛾。

(二)幼虫

(1)浸渍标本　蓑蛾,巢蛾,菜蛾,麦蛾,透翅蛾,木蠹蛾,卷蛾,刺蛾,羽蛾,螟蛾,尺蠖,枯叶蛾,天蚕蛾,蚕蛾,天蛾,毒蛾,灯蛾,夜蛾,弄蝶,凤蝶,粉蝶,蛱蝶,斑蝶,眼蝶,灰蝶。

(2)玻片标本　细蛾,柑橘潜叶蛾。

(3)示范标本　蝙蝠蛾,舟蛾。

三、内容与方法

(一)鳞翅目成虫的分科特征

鳞翅目成虫分科的主要特征包括触角形状,喙发达程度,下唇须发达程度,翅形状、色彩和斑纹、连锁方式和脉序,鼓膜听器的有无,外生殖器等。

在鳞翅目蝶类昆虫中,雌雄两性的触角均是棍棒状,但在不同科中有差异;在蛾类昆虫中,雌性触角常是丝状,雄性触角常是双栉状,但在不同科中也有差异。

在鳞翅目分类中,脉序是重要特征。一般来说,翅的正面鳞片厚密,斑纹多、色彩深;翅的反面鳞片细薄,斑纹少、色彩浅。因此,最好从翅的反面来观察脉序。观察时,加 1~2 滴 75% 乙醇将翅面湿润,翅脉会更加清晰可见。

(二)鳞翅目幼虫的分科特征

鳞翅目幼虫分科的主要特征包括幼虫体型和类型,体上有无被毛、头角、肉状丝突、翻缩腺、臭丫腺、枝刺、尾突或枝足,上唇是否缺切和形状,足式,腹足趾钩排列,毛序和臀栉等。

上唇缺切是指上唇的前缘中部内凹。缺切有深有浅且有不同形状。

幼虫体上常被有刚毛、毛片、毛瘤、毛突、竖毛簇、枝刺和臀栉等。刚毛着生在稍骨化或深色的毛片上。其中,原生刚毛和亚原生刚毛分布排列的命名称毛序。例如,前胸侧毛是指位于前胸气门前的侧毛群(L)。毛瘤是指着生毛的瘤状突起。毛突是胸部前面一束长毛长在毛瘤上。竖毛簇是胸前背面一簇紧密的直毛刷,毛不太长,但紧密。枝刺是指虫体上分枝的突起。臀栉是指鳞翅目幼虫肛上板腹面邻近肛门中间部分骨化的栉形或叉形构造,用于弹去粪粒。

足式是指鳞翅目幼虫的胸足和腹足的对数及其体节上的排布情况。将幼虫侧放在体视显微镜载物圆盘中央,可见一般鳞翅目幼虫足式是 30040001,"3"表示 3 对胸足,"00"表示第 1 腹节和第 2 腹节无腹足,"4"表示第 3~6 腹节各有 1 对腹足,"000"表示第 7~9 腹节上无腹足,"1"便是第 10 腹节上有 1 对臀足。夜蛾幼虫足式是 30040001、300030001 或 3000020001,尺蠖足式是 30000010001。

趾钩的序是指从腹足的侧面观,趾钩的高度排布情况。单序表示趾钩高度相等,双序表示趾钩高度有长短两种类型,相应有三序或多序。趾钩的排列是指从腹足的腹面观,趾钩排列的形状。趾钩排列成环形时,称环状;如环上有 1 个缺口,称缺环;如出现 2 个缺口,且缺口与虫体纵轴平行,称二纵带;如果出现 2 个缺口,且缺口与虫体纵轴垂直,称二横带。将幼虫仰放在体视显微镜载物圆盘中央,观察幼虫腹足端部趾钩的排列,然后从腹侧面观察趾钩的序。注意鳞翅目幼虫死后,虫体会收缩变形,观察到的趾钩排列形状会有变化,最好用活虫观察。将活幼虫放到透明平板玻璃上,将玻璃倒置过来,放在培养皿上,然后在显微镜下观察。

(三)鳞翅目成虫常见科分类检索表

1 前翅与后翅脉相相似;雌性外生殖器外孔式;喙短小;翅轭连锁;翅中室内有 M 脉主干(外孔次目 Exoporia) ………………………………… 蝙蝠蛾科 Hepialidae

—前翅与后翅脉相不同;雌性外生殖器双孔式;喙发达;翅缰或翅抱连锁(双孔次目 Ditrysia) ·· 2

2 触角棍棒状 ·· 3

—触角丝状、双栉状或栉状 ·· 12

3 触角基部远离,末端呈钩状;头部常比胸部宽;前翅 5 条 R 脉从中室伸出
·· 弄蝶科 Hesperiidae

—触角基部接近,末端无弯钩;前翅至少有 1 条 R 脉不从中室伸出 ·············· 4

4 前足有前胫突;后翅 A 脉 1 条 ·· 5

—前足无前胫突;后翅 A 脉 2 条 ·· 6

5 前翅三角形;前翅 R 脉 5 分支,中室与 A 脉基部有 1 条横脉相连;后翅在 M_3 脉处有尾突或外缘波状 ·· 凤蝶科 Papilionidae

—前翅卵形;前翅 R 脉 4 分支,中室与 A 脉基部间无横脉相连;后翅无尾突
·· 绢蝶科 Parnassiidae

6 雄虫前足发育正常;爪 2 分叉或有齿 ···················· 粉蝶科 Pieridae

—雄虫前足较退化;爪完整、不分叉,或无爪 ···································· 7

7 雌虫前足正常;复眼在触角基部处凹陷,或至少复眼与触角窝的边缘相接 ···· 8

—雌虫前足退化;复眼在触角基部处无凹陷,复眼与触角窝的边缘不接触········ 9

8 后翅肩角不加厚,常无 h 脉,后缘常有 1～3 个尾突 ······ 灰蝶科 Lycaenidae

—后翅肩角加厚,有 h 脉,常无尾突 ······················ 蚬蝶科 Riodinidae

9 前翅常有 1～3 条纵脉的基部膨大;至少后翅后面有 2 个眼状斑
·· 眼蝶科 Satyridae

—前翅纵脉基部不膨大 ··· 10

10 前翅 A 脉 2 条,第 2 条很短;后翅中室封闭 ·············· 斑蝶科 Danaidae

—前翅 A 脉 1 条;后翅中室开放 ·· 11

11 触角端部棒状;翅上有大型环状斑 ·················· 环蝶科 Amathusiidae

—触角末端棒形膨大极明显,端部近球形;翅上常无大型环状斑
·· 蛱蝶科 Nymphalidae

12 翅裂为 2～7 叶 ··· 13

—翅完整或退化 ·· 14

13 前翅裂成 2～3 叶;后翅裂成 3 叶·················· 羽蛾科 Pterophoridae

—前翅裂成 6 叶;后翅裂成 6～7 叶 ···················· 翼蛾科 Alucitidae

14 后翅 $Sc+R_1$ 脉有一段在中室外与 Rs 脉愈合或接近,A 脉 3 条
·· 螟蛾科 Pyralidae

一后翅 $Sc+R_1$ 脉与 Rs 脉在中室外分离 ……………………………… 15

15 有鼓膜听器 ……………………………………………………………… 16

一无鼓膜听器 ……………………………………………………………… 23

16 鼓膜听器在腹部第 1 或第 2 腹节 …………………………………… 17

一鼓膜听器在后胸 ………………………………………………………… 19

17 前翅 R 脉 5 条，R_2 脉、R_3 脉、R_4 脉和 R_5 脉常共柄；雌蛾和雄蛾听器均在第 1 腹板两侧 ……………………………………………… 尺蛾科 Geometridae

一前翅 R_5 脉远离 $R_2 \sim R_4$ 脉，常与 M_1 共柄；雌蛾听器在第 1 腹节上，雄蛾听器在第 2 腹节背板上 ……………………………………………………………… 18

18 前翅 R_5 脉与 M_1 脉远离 …………………………………… 凤蛾科 Epicopeiidae

一前翅 R_5 脉与 M_1 脉共柄或中室端极接近 ………………… 燕蛾科 Uraniidae

19 前翅 M_2 脉介于 M_1 脉与 M_3 脉之间，Cu 脉似 3 叉型 … 舟蛾科 Notodontidae

一前翅 M_2 脉靠近 M_3 脉，Cu 脉似 4 叉型 ………………………………………… 20

20 翅面常部分缺鳞片，形成透明窗斑；后翅 $Sc+R_1$ 脉与 Rs 脉完全合并 ……………………………………………………………… 鹿蛾科 Ctenuchidae

一翅面布满鳞片，不形成透明窗斑；后翅 $Sc+R_1$ 脉与 Rs 脉分开 ……… 21

21 后翅 $Sc+R_1$ 脉与 Rs 脉在基部愈合达中室的 1/2；有单眼 … 灯蛾科 Arctiidae

一后翅 $Sc+R_1$ 脉与 Rs 脉在基部愈合至多达中室的 2/5；有或无单眼 ……… 22

22 无单眼；喙退化；触角双栉状；后翅 $Sc+R_1$ 脉与 Rs 脉在中室 2/5 处相接或靠近 ……………………………………………………………… 毒蛾科 Lymantriidae

一有单眼；喙发达；触角常丝状；后翅 $Sc+R_1$ 脉与 Rs 脉在中室 1/4 处相接或靠近 ……………………………………………………………… 夜蛾科 Noctuidae

23 喙基部有鳞片；翅窄，翅端尖，中室内常无 M 脉主干；后翅外缘常向内凹入，顶角尖 ……………………………………………………………… 麦蛾科 Gelechiidae

一喙基部无鳞片 ………………………………………………………………… 24

24 似蜂；翅面大部分或局部透明，无鳞片 …………………… 透翅蛾科 Sesiidae

一同蛾；翅面布满鳞片，无透明区 …………………………………………… 25

25 翅中室内 M 脉主干中等或发达；如在 1 对翅或 2 对翅中弱或消失，则下颚须十分发达 ……………………………………………………………………… 26

一翅中室内 M 脉主干在 1 对翅或 2 对翅中弱或消失，下颚须退化或消失 …… 31

26 前翅 R_5 脉常伸达翅前缘 …………………………………………………… 27

一前翅 R_5 脉常伸达翅外缘 …………………………………………………… 28

27 触角多丝状；头顶光滑；喙发达；下唇须常上举；雌雄均有翅；翅极窄，端部尖锐，

有长缘毛 ·· 细蛾科 Gracillariidae

一触角多双栉状;头顶具鳞毛;喙极度退化;下唇须常前伸;雌雄异型;雌虫幼虫型,
终生居于袋中;雄虫有翅,翅较宽阔,后缘无长缘毛 ············ 蓑蛾科 Psychidae

28 后足胫节具浓密的刺,跗节各节末端有成群的刺毛;停息时,中足和后足常展开
或上举 ·· 举肢蛾科 Heliodinidae

一后足胫节无浓密的刺,跗节各节末端无成群的刺毛;停息时,中足和后足不展开
也不上举 ·· 29

29 体粗壮;触角双栉状,短于体长之半 ····················· 木蠹蛾科 Cossidae

一体细长;触角丝状,与体等长或长于体长 ·································· 30

30 停息时,触角向后伸;有眼罩;下唇须小而下垂 ········· 潜蛾科 Lyonetiidae

一停息时,触角向前伸;无眼罩;下唇须发达,上举 ····· 菜蛾科 Plutellidae

31 有毛隆;有单眼;前翅前缘弯曲,外缘较平直 ········· 卷蛾科 Tortricidae

一无毛隆;缺单眼;前翅前缘平直,外缘倾斜 ······························· 32

32 触角丝状;喙发达;前翅狭长 ·· 33

一触角双栉状;喙退化或缺;前翅宽阔 ····································· 34

33 触角末端弯成细钩;前翅后缘内凹 ····················· 天蛾科 Sphingidae

一触角末端正常,不弯成细钩;前翅后缘平直 ····· 巢蛾科 Yponomeutidae

34 体大型;翅中室区常有透明斑;一些种类后翅有尾状突

·· 天蚕蛾科 Saturniidae

一体中型;翅中室区无透明斑;后翅无尾状突 ····························· 35

35 前翅外缘常有弯月形凹陷,M_2 脉介于 M_1 脉与 M_3 脉之间或与 M_1 脉接近

·· 蚕蛾科 Bombycidae

一前翅外缘正常,无凹陷,M_2 脉与 M_3 脉基部接近或共柄 ·············· 36

36 前翅和后翅 A 脉 3 条;翅缰型连锁 ····················· 刺蛾科 Limacodidae

一前翅和后翅 A 脉 2 条;翅抱型连锁 ············· 枯叶蛾科 Lasiocampidae

(四)鳞翅目幼虫常见科分类检索表

1 第 8 腹节背面有 1 个尾突 ·· 2

一第 8 腹节背面无尾突 ··· 3

2 每个腹节分 6～9 个小环节;左右腹足相互靠近 ······· 天蛾科 Sphingidae

一每个腹节至多分 3 个小环节;左右腹足相互离开 ····· 蚕蛾科 Bombycidae

3 臀足消失或退化成 1～2 条细长的枝足;停息或受惊时首尾翘起如舟形

·· 舟蛾科 Notodontidae

一臀足不特化为细长的枝足;停息或受惊时首尾不翘起,或仅头部翘起 ·········· 4

—前胸侧毛 3 根,如仅 1 根,则隐居于袋内或腹足上的趾钩较少或仅留痕迹 … 19

18 趾钩多双序或三序环状、缺环或二横带;前胸气门前毛片上有 2 根毛
　　　……………………………………………………………… 螟蛾科 Pyralidae

—趾钩为单序环状;前胸侧毛 2 根 ………………………… 翼蛾科 Alucitidae

19 隐居于巢袋内生活 ………………………………………………………… 20

—不隐居于巢袋内 ………………………………………………………… 21

20 前胸侧毛 1 根 ……………………………………………… 蓑蛾科 Psychidae

—前胸侧毛 3 根 ……………………………………… 巢蛾科 Yponomeutidae

21 第 6 腹节无腹足 ……………………………………… 细蛾科 Gracillariidae

—第 6 腹节有腹足 ………………………………………………………… 22

22 体粗大;蛀干;头宽,上颚大;腹足粗短 ……………… 木蠹蛾科 Cossidae

—体细小,潜叶或食叶;头小,上颚小;腹足细长或细短 ……………… 23

23 体扁平;腹足远比胸足短 ……………………………… 潜蛾科 Lyonetiidae

—体细长;腹足与胸足等长 ……………………………… 菜蛾科 Plutellidae

24 趾钩单序 ………………………………………………………………… 25

—趾钩双序或三序 ………………………………………………………… 26

25 体细长,无纵条纹;前胸气门前下方的前胸侧毛 3 根…… 羽蛾科 Pterophoridae

—体粗壮,常有纵条纹;前胸气门前下方的前胸侧毛 1~2 根;中胸和后胸毛片上各
有 1 毛;部分种类腹部第 1 节或第 1~2 节上的腹足退化 ……… 夜蛾科 Noctuidae

26 体宽扁,蛞蝓型,无腹足,如有退化的腹足,则中带的趾钩是中断的,在趾钩列的
中部有 1 个肉质呈匙状的构造 ……………………………… 灰蝶科 Lycaenidae

27 体光滑,中胸或第 8 腹节背面常有肉状丝突 1~2 对 ……… 斑蝶科 Danaidae

—体上有短毛和黑色小粒点,无肉状丝突 …………………… 粉蝶科 Pieridae

(五)鳞翅目常见科的主要鉴别特征

　　根据鳞翅目成虫、幼虫分科检索表鉴定各标本至所属的科,然后对照普通昆虫学教材的相应章节,仔细观察各科的形态特征,注意比较外孔次目与双孔次目成虫的区别。重点观察常见分科特征。

　　(1)蝙蝠蛾科　触角短,雌虫为丝状或念珠状,雄虫为栉齿状;翅中室内 M 脉主干 2 分支;后翅 R_2 脉与 R_3 脉分别伸达翅顶角的前后缘。注意观察蝙蝠蛾科生殖孔的着生位置。比较其脉序与假想脉序的不同。

　　幼虫:体毛长在毛瘤上,胸足和腹足发达,趾钩多序环状或缺环。

　　(2)蓑蛾科　雌虫常无翅,幼虫型,触角、口器和足极度退化。雄虫有翅,中室内有分叉的 M 脉主干,前翅 3 条 A 脉在端部合并。比较雌雄两性的不同。

幼虫:前胸气门在水平方向上卵形,腹足趾钩单序环状。

(3)细蛾科 下唇须常前伸或上举;翅极窄,端部尖锐;前翅中室直长,占翅长度的 2/3～3/4;后翅无中室。

幼虫:低龄幼虫体扁平,胸足和腹足退化或无;进入 3 龄后,体圆柱形,胸足发达,腹足 4 对,位于第 3～5 腹节和第 10 腹节上。

(4)潜蛾科 有眼罩;前翅中室细长,顶角有几条脉合并;后翅 Rs 脉伸达顶角前。比较该科与细蛾科的不同。

幼虫:体扁平,无单眼,足退化。比较该科幼虫与细蛾科幼虫的不同。

(5)巢蛾科 前翅 R_5 脉伸达翅的外缘,2A 脉和 3A 脉大部分合并;后翅 Rs 脉与 M_1 脉分离,A 脉 3～4 条。比较该科与潜蛾科的区别。

幼虫:前胸气门前毛片上有 3 根毛,腹足趾钩缺环。

(6)菜蛾科 前翅细长,后缘有长缘毛;后翅 M_1 与 M_2 脉常共柄,Rs 脉与 M_1 脉分离。

幼虫:体细长,常绿色,足发达。

(7)麦蛾科 前翅大披针型,R_5 脉伸达顶角前缘,1A 脉和 2A 脉大部分合并;后翅外缘常向内凹入,顶角尖。比较该科与巢蛾科和菜蛾科的不同。

幼虫:趾钩双序缺环或二横带,臀板下常具臀栉。

(8)透翅蛾科 腹部常有黄黑相间的斑纹,外形似蜂。翅上鳞片主要集中在翅脉和翅缘。

幼虫:前胸气门前毛片上有 3 根毛,趾钩常单序二横带。

(9)木蠹蛾科 翅上常有黑色斑点。前翅和后翅的中室有 M 脉主干,A 脉 3 条。

幼虫:前胸气门前毛片上有 3 根毛,趾钩单序、双序或三序环状、缺环或二横带。

(10)卷蛾科 前翅肩区发达,前缘弯曲,呈长方形;后翅 $Sc+R_1$ 与 Rs 脉不接近。

幼虫:前胸气门前毛片上有 3 根毛,臀板下常有臀栉,趾钩单序、双序或三序环状。

(11)刺蛾科 翅短而宽,中室内 M 脉主干常分叉;前翅 A 脉 3 条,2A 脉与 3A 脉基部接近;后翅 $Sc+R_1$ 脉从中室中部伸出,A 脉 3 条相互分开。

幼虫:体常绿色或黄色,体上多枝刺,蛞蝓型。

(12)羽蛾科 前翅裂成 2～3 叶,后翅裂成 3 叶。

幼虫:前胸侧毛 3 根,趾钩单序中列。

(13)螟蛾科　前翅三角形，R_3 脉与 R_4 脉常共柄；后翅 $Sc+R_1$ 脉有一段在中室外与 Rs 脉愈合或接近，Cu 脉似 4 叉型，A 脉 3 条。注意观察该科腹部的鼓膜听器。

幼虫：前胸气门前毛片有 2 根毛，趾钩单序、双序或三序。比较该科幼虫与菜蛾科幼虫的区别。

(14)尺蛾科　翅宽薄，鳞片细密；前翅 R_2 脉、R_3 脉、R_4 脉和 R_5 脉常共柄；后翅 $Sc+R_1$ 脉在基部弯曲，常形成 1 个基室。比较该科与螟蛾科的区别。

幼虫：腹部只有 1 对腹足和 1 对臀足，足式 30000010001。

(15)枯叶蛾科　前翅和后翅 Cu 脉似 4 叉型；翅抱型连锁，后翅肩角 h 脉 2 条。

幼虫：前胸足上方有 1～2 对突起，其上毛簇特别长，趾钩双序中列。

(16)天蚕蛾科　触角双栉状；翅中室常有透明斑；翅抱型连锁。比较该科与枯叶蛾科的区别。

幼虫：体有枝刺或带刺瘤突，上唇有倒"V"形缺切。

(17)蚕蛾科　触角双栉状；前翅外缘近顶角处常有弯月形凹陷。

幼虫：各腹节至多分 3 个小环节，左右腹足相互离开，第 8 腹节背面有 1 个尾突。

(18)天蛾科　触角末端弯成细钩；前翅狭长，后缘内凹。

幼虫：每个腹节分 6～9 个小环节，左右腹足靠近。与蚕蛾科幼虫一样，第 8 腹节背面有 1 个尾突。

(19)毒蛾科　前翅 R_3 脉与 R_4 脉常基部共柄；后翅 $Sc+R_1$ 与 Rs 脉在中室 2/5 处相接或靠近，形成 1 个基室。比较该科与刺蛾科和枯叶蛾科的区别。

幼虫：体多毛，胸部背面有竖毛簇；腹部第 6～7 节背中央有翻缩腺开口，趾钩单序中带。

(20)舟蛾科　前翅 R_3 脉与 R_4 脉常基部共柄，Cu 脉似 3 叉型；后翅 $Sc+R_1$ 脉与 Rs 脉在基部愈合几达中室长的 2/3，Cu 脉似 3 叉型；胫节端距常有齿。

幼虫：体背常有峰突或枝突，臀足消失或退化成 1～2 枝足。

(21)灯蛾科　腹背常有红色、橙色或黑色横条斑。前翅和后翅的 Cu 脉似 4 叉型；后翅 $Sc+R_1$ 与 Rs 脉在基部愈合几达中室一半。

幼虫：体毛常分枝，前胸气门上方有 2～3 个毛瘤，胸足端部有末端片状膨大的毛。该科幼虫与毒蛾科和枯叶蛾科幼虫的体上都有长毛。比较其不同。

(22)夜蛾科　前翅 R 脉 5 条，R_3 脉与 R_4 脉常基部共柄，Cu 脉似 4 叉型；后翅 $Sc+R_1$ 与 Rs 脉在中室 1/4 处相接或靠近。注意观察夜蛾科后胸的鼓膜听器和腹部生殖孔的着生位置。比较该科与灯蛾科的不同。

幼虫:体多具纵条纹,中胸足和后胸足毛片上各具 1 毛,足式有 30040001、300030001 或 3000020001。比较该科幼虫与尺蠖的不同。

(23)弄蛾科　触角末端呈钩状;前翅 5 条 R 脉从中室伸出。比较该科触角与天蛾科触角的不同。

幼虫:体纺锤形,趾钩环状,臀板下有臀栉。

(24)凤蝶科　前翅 A 脉 2 条,中室与 A 脉基部有 1 条横脉相连;前足胫突发达;多数种类后翅有尾突。

幼虫:前胸背部前缘有臭丫腺,后胸明显隆起。

(25)粉蝶科　体多为白色、黄色或橙色,翅顶角常有黑色或红色斑。前足正常,内外爪等长。

幼虫:体上有短毛和黑色小粒点,各节分 4～6 个小环节。

(26)蛱蝶科　触角上有鳞片,末端棒状膨大极明显;前翅 A 脉 1 条;前足退化,常无爪或仅具单爪。比较该科与凤蝶科的不同。

幼虫:体上有许多无毒枝刺,或具头角或尾突 1 对。

(27)斑蝶科　与蛱蝶科甚似。比较其异同。

幼虫:中胸或第 8 腹节背面常有肉状丝突 1 对。

(28)眼蝶科　翅上常有眼状斑(反面看更清楚)。前翅前面几条纵脉的基部常膨大。注意,比较眼状斑与普通圆斑的不同。

幼虫:体纺锤形,头部分两叶,前胸颈状,腹末有 1 对尾突。比较该科幼虫与弄蝶科和蛱蝶科幼虫的区别。

(29)灰蝶科　触角上有白环;复眼在近触角侧凹入;后缘常有 1～3 个尾突。该科与凤蝶科都常有尾突。比较其异同。

幼虫:蛞蝓型,第 7 腹节背面常有 1 个翻缩腺。该科幼虫与刺蛾科幼虫都属蛞蝓型。

思考题

1.如何确定鳞翅目昆虫前翅与后翅的脉序?

2.绘一种蛾和一种蝶的翅脉图,并注明各翅脉的名称。

3.列表比较蝶类与蛾类成虫的异同。

4.简述幼虫腹足趾钩的序及其排列。

5.解释名词:中室,Sc＋R_1脉,上唇缺刻,前胸盾,毛序,趾钩,臀栉。

实验十八 双翅目及其分科

一、目的

掌握双翅目的分类方法和常见科的主要形态特征。

二、材料

（1）浸渍标本　大蚊、牛虻、食虫虻、食蚜蝇（肉食性与粪食性）和实蝇的幼虫，潜蝇，果蝇。

（2）玻片标本　大蚊、摇蚊、蚊、瘿蚊、牛虻、食蚜蝇、实蝇、潜蝇的前翅，摇蚊、蚊、瘿蚊、头蝇和潜蝇的幼虫。

（3）针插标本　大蚊，摇蚊，蚊，瘿蚊，水虻，牛虻（♀、♂），食虫虻，蜂虻，食蚜蝇，秆蝇，实蝇，甲蝇，突眼蝇，花蝇，家蝇，寄蝇，丽蝇，麻蝇。

（4）示范标本　头蝇和其他双翅目常见科的示范标本。

三、内容与方法

（一）双翅目分科特征和方法

双翅目分科的主要特征包括触角形状和节数、触角芒特征（光裸、有毛等），复眼大小（接眼、离眼），口器类型（刺吸式、舐吸式、切吸式），有无额囊缝，有无下腋瓣，蝇类的鬃序，前翅脉序、C脉缘脉折数目和翅室的变化等。

观察有关特征最好用新鲜的标本。如果用浸渍标本，一定要将虫体上的水分吸干，才能清楚看到有关特征。

短角亚目和环裂亚目的触角都是3节，但有的鞭节常有分为几个亚节的痕迹，观察时要注意与长角亚目区别。触角芒的特征是重要的分类依据，最好用小镊子或昆虫针将触角轻轻地往上挑，以展露触角，然后从头部侧面观察。

额囊缝是触角基部上方的1个倒"U"形的缝，从触角基部上方向侧下方延伸到复眼下缘。根据额囊缝的有无，环裂亚目可分为有缝组和无缝组。

根据前翅下腋瓣的有无,可将有缝组分为有瓣类和无瓣类。有瓣类的前翅有下腋瓣,触角第 2 节背面外侧有 1 条纵贯全长的纵缝。无瓣类的前翅无下腋瓣,触角第 2 节背面外侧无纵缝。下腋瓣紧靠小盾片,观察时一定要用小镊子夹住翅的基部,将前翅往前拉,以展露下腋瓣,或用小镊子夹住翅的基部,将前翅扯下,放到玻片上观察。注意区别翅瓣与腋瓣。如果下腋瓣不易观察,可以观察触角第 2 节背面外侧是否有 1 条纵贯全长的纵缝,作为区别有瓣类和无瓣类的参考特征。

从背面观察胸部,前胸背板后侧部为肩胛,中胸背板分前盾片、后盾片和小盾片,前盾片的外侧是背侧片;从侧面观察胸部,中胸侧板被侧缝分为左上的中侧片、左下的腹侧片、右上的翅侧片和右下的下侧片;从胸部背侧方观察,就能清楚地看到着生于肩胛上的鬃;从胸部的侧后方观察,就能清楚地看到着生于下侧片、翅侧片和背侧片上的鬃。

要学会识别有关翅脉和翅室。前翅 C 脉缘脉折是骨化弱或不骨化的点,可能出现在 Sc 脉附近或 R_1 脉末或 h 脉附近。观察时要将翅展平才能看清楚。Cu 与 A 脉间形成的翅室为臀室。

(二)双翅目常见分科检索表

1 触角 6 节以上;下颚须 3～5 节;幼虫为全头无足型(长角亚目 Nematocera) …… 2
— 触角 3 节;下颚须 1～2 节;幼虫半头无足型或无头无足型 ………………… 7
2 中胸背板盾间沟常呈"V"形 ………………………………… 大蚊科 Tipulidae
— 中胸背板无盾间沟 ……………………………………………………… 3
3 前翅纵脉 3～5 条,无横脉;触角念珠状 ………… 瘿蚊科 Cecidomyiidae
— 前翅纵脉 5 条以上,有横脉;触角常非念珠状 ………………………… 4
4 足基节长而粗;Rs 脉不分支或 2 分支 ………… 菌蚊科 Mycetophilidae
— 足基节细短或粗短;Rs 脉 2～3 分支 …………………………………… 5
5 单眼 3 个;触角常比头短 ………………………………… 毛蚊科 Bibionidae
— 无单眼;触角比头长 ……………………………………………………… 6
6 翅面被鳞片;伸达翅缘的纵脉有 9 条以上;后足常明显长于前足和中足;雌虫口器发达 …………………………………………………………… 蚊科 Culicidae
— 翅面无鳞片;伸达翅缘的纵脉少于 8 条;前足常明显长于中足和后足;雌虫口器退化 …………………………………………………… 摇蚊科 Chironomidae
7 触角第 3 节延长,或分亚节,或具 1 端刺;幼虫半头无足型;成虫羽化时,蛹壳呈"T"形裂开(短角亚目 Brachycera) …………………………………… 8
— 触角第 3 节背面具触角芒;幼虫无头无足型;成虫羽化时,蛹顶端呈环形裂开(环裂亚目 Cyclorrhapha) …………………………………………………… 13

8 爪间突垫状 ··· 9

一爪间突刚毛状或缺 ··· 10

9 下腋瓣大；前翅 C 脉伸达翅的顶角，R_4 脉与 R_5 脉分别伸达顶角的前缘与后缘 ··· 虻科 Tabanidae

一下腋瓣小或无；前翅 C 脉止于 R_{4+5} 脉，不伸达翅的顶角 ······ 水虻科 Stratiomyidae

10 头顶复眼间明显凹陷；有口髭 ····························· 11

一头顶复眼间不凹陷；无口髭 ······························· 12

11 单眼 3 个；体多毛髭 ································ 盗虻科 Asilidae

一单眼 1 个；体较光滑，仅足上有髭 ········· 拟食虫虻科 Mydidae

12 似虻；R_5 脉伸达翅的顶角或顶角之前 ······ 窗虻科 Scenopinidae

一似蜂；R_5 脉伸达翅的顶角之后 ············· 蜂虻科 Bombyliidae

13 无额囊缝，R 脉与 M 脉间有 1 条伪脉 ··· 食蚜蝇科 Syrphidae

一有额囊缝 ··· 14

14 无下腋瓣；触角第 2 节背面外侧无纵缝，或虽有但不伸达第 2 节基部 15

一有下腋瓣；触角第 2 节背面外侧有 1 条纵贯全长的纵缝 ······· 18

15 头部两侧延伸成长柄，复眼位于柄端；C 脉无缘脉折 ····· 突眼蝇科 Diopsidae

一头部正常，两侧不外突，C 脉有缘脉折 ····················· 16

16 C 脉只有 1 个缘脉折；雌虫腹部第 7 节长且骨化，不能伸缩 ··· 潜蝇科 Agromyzidae

一C 脉有 2 个缘脉折；雌虫腹部第 7 节能伸缩 ··············· 17

17 触角芒光裸或有细毛；翅多有斑纹；Sc 脉端部呈直角折向前缘；臀横脉弯折；臀室末端成 1 个锐角；雌虫产卵器长扁突出，坚硬 ············· 实蝇科 Tephritidae

一触角芒一般羽毛状；翅无斑纹；Sc 脉端部弯曲成直角；臀横脉不弯折；臀室末端成 1 个锐角；雌虫产卵器正常，不扁平也不坚硬 ········· 果蝇科 Drosophilidae

18 下侧片光裸，最多仅具短细的毛；翅侧片光裸或仅具毛 ········· 19

一下侧片有弧形排列的髭；翅侧片具髭毛 ····················· 20

19 触角芒光裸或羽毛状；Cu_2+2A 脉伸达翅的后缘；M_{1+2} 脉端部不向前弯曲，直伸外缘，与 R_{4+5} 脉平行或远离；中胸背板被盾间横沟分为前后 2 块 ··· 花蝇科 Anthomyiidae

一触角芒羽毛状；Cu_2+2A 脉不伸达翅缘；M_{1+2} 脉端部向前弯曲靠近 R_{4+5} 脉；中胸背板无盾间横沟 ························· 蝇科 Muscidae

20 触角芒光裸，或仅具微毛；后盾片发达，凸出；腹部腹板被同节背板盖住 ··· 寄蝇科 Tachinidae

—触角芒羽毛状或基半羽毛状;后盾片不发达;腹部至少第 2 腹板外露,不被背板盖住 ·· 21

21 触角芒羽毛状;背侧片上有背侧鬃 2 根;M_{1+2} 脉呈直角状向前弯折,在转弯处无短脉伸出 ·· 丽蝇科 Calliphoridae

—触角芒仅基半羽毛状;背侧片上有背侧鬃 4 根;M_{1+2} 脉呈直角状向前弯折,在转弯处有 1 短脉伸出 ···························· 麻蝇科 Sarcophagidae

(三)双翅目常见科的主要鉴别特征

根据双翅目分科检索表鉴定各标本至所属的科,然后对照普通昆虫学教材的相应章节,仔细观察各科的形态特征,重点观察常见科的如下特征。

(1)大蚊科 中胸盾间沟常呈"V"形;翅上常有斑纹;足细长。注意大蚊足极易脱落。

(2)蚊科 体和翅脉上被有鳞片。翅狭长,顶角圆,有缘毛。幼虫胸部 3 节愈合、膨大;第 8 腹节有圆筒形的呼吸管。

(3)瘿蚊科 前翅纵脉 3～5 条,Sc 脉退化,C 脉伸达翅的顶角。第 3 龄幼虫前胸腹板上有 1 个"Y"形或"T"形胸骨片。

(4)虻科 头部半球形;触角牛角状,鞭节分 5～8 亚节;雄虫复眼接眼式,雌虫离眼式。

(5)盗虻科(食虫虻科) 体细长,多毛;头顶复眼间凹陷、有毛;触角鞭节端部 1～3 个亚节形成端刺;爪间突刚毛状或缺。

(6)食蚜蝇科 有黄色斑纹,形似蜜蜂;前翅 R 脉与 M 脉间有 1 条游离的伪脉;中脉与翅外缘平行。

(7)秆蝇科 中胸盾横沟不明显;C 脉有 1 个缘脉折;无小臀室。

(8)实蝇科 翅上常有褐色或黄色雾状斑纹。C 脉有 2 个缘脉折;臀室末端成 1 个锐角;雌虫产卵管细长突出。幼虫长圆筒形,两端气门式。

(9)潜蝇科 与实蝇科甚似。但翅上无斑纹;C 脉只有 1 个缘脉折。幼虫体侧有很多微小色点;前气门 1 对,着生在前胸近背中线处,互相接近。

(10)果蝇科 复眼常红色;触角第 3 节椭圆或圆形,触角芒羽状;前翅 C 脉有 2 个缘脉折。

(11)花蝇科 中胸背板被盾间沟分为前后 2 块;背侧片上无背侧鬃;腹侧片具 1～4 根鬃;M_{1+2} 脉端部不向前弯曲。

(12)蝇科 触角芒羽毛状;小盾片的端侧面无细毛;背侧片上无背侧鬃;Cu_2 +2A 脉不伸达翅缘。幼虫腹面有伪足状突起。

(13)寄蝇科 体多鬃。触角芒光裸或具微毛;后小盾片椭圆形凸出。

（14）丽蝇科 体多呈蓝色、绿色、黄色或铜色,具金属光泽。触角芒羽毛状;背侧片上有背侧鬃2根。幼虫体12节,第8~12节有乳状突。

（15）麻蝇科 与蝇科和寄蝇科甚似,黑色。胸部背面有云雾状纵条纹,有粉被;触角芒光裸或仅基半部有毛;背侧鬃4根。

思考题

1.列表比较长角亚目、短角亚目及环裂亚目。

2.绘食蚜蝇、实蝇、花蝇和家蝇前翅脉序图,并注明各翅脉名称。

3.列表比较食蚜蝇与蜜蜂的区别。

4.编制蚊科、瘿蚊科、虻科、盗虻科、食蚜蝇科、潜蝇科、实蝇科、花蝇科、寄蝇科、丽蝇科和麻蝇科的双项式分类检索表。

5.名词解释:额囊缝,触角芒,中胸后小盾片,鬃序,翅瓣,下腋瓣,伪脉,臀室。

实验十九　膜翅目及其分科

一、目的

掌握膜翅目特征、分类方法和常见科的主要形态特征。

二、材料

(1)浸渍标本　姬小蜂(♀、♂)。
(2)玻片标本　金小蜂,跳小蜂(♀、♂),蚜小蜂,赤眼蜂(♀、♂),缘腹细蜂。
(3)针插标本　三节叶蜂,叶蜂,树蜂,茎蜂,瘿蜂,小蜂,细蜂,姬蜂,茧蜂,青蜂,土蜂,蚂蚁,胡蜂,蜾蠃,泥蜂,蜜蜂,切叶蜂。
(4)示范标本　膜翅目常见科的示范标本。

三、内容与方法

(一)膜翅目的分科特征

膜翅目分科的主要特征包括触角节数和形状,口器类型,前胸背板突是否伸达肩板(翅基片),胸部上毛的形状,中胸盾片有无盾纵沟和盾侧沟,并胸腹节的有无及形状,翅脉和翅室的变化及翅痣的有无,足转节数、胫节距式、跗节数,腹部节数和形状以及雌虫产卵器形状等。

在小蜂总科中,鞭小节分为环状节、索节和棒节。一般来说,环状节要在生物显微镜下才能清楚看到。

前胸背板突是指前胸2个后侧角向后延伸而形成的1对后突,从背侧面看最清楚。肩板(翅基片)是指与前翅基部肩片相接的1个鳞片状的结构。前胸背板突是否伸达翅基片是重要的分类特征。

膜翅目脉序也是重要的分类依据。翅脉命名主要用 Gauld 和 Bolton(1998)的命名系统,要学会识别不同翅脉。小蜂总科的翅脉极退化,前翅无翅痣,由亚缘脉(smv)、缘脉(mv)、后缘脉(pmv)和痣脉(stv)组成。但是,在膜翅目昆虫中,有不少种类是短翅、微翅或无翅。鉴别时必须综合多种特征来判断。

（二）膜翅目常见科分类检索表

1 腹基不缢缩；原始第 1 腹节不与后胸合并；前翅至少有 1 个封闭的臀室；后翅至少有 3 个闭室；足转节 2 节；雌虫产卵器锯状（广腰亚目 Symphyta）·············· 2

— 腹基缢缩呈细腰状；原始第 1 腹节并入后胸；前翅无封闭的臀室；后翅至多 2 个闭室；足转节 1～2 节；雌虫产卵器针状或鞘管状（细腰亚目 Apocrita）·········· 6

2 前足胫节具 2 枚端距 ·· 3

— 前足胫节具 1 枚端距 ··· 5

3 触角 3 节，鞭节棒状、"U"或"Y"形 ······················· 三节叶蜂科 Argidae

— 触角 7～30 节 ·· 4

4 触角鞭节无发达的叶片；前胸背板后缘深凹入；中后足胫节无端前距
··· 叶蜂科 Tenthredinidae

— 触角鞭节常有发达的叶片；前胸背板后缘直；中后足胫节有端前距
··· 广背蜂科 Megalodontidae

5 前胸背板长宽相等或长稍大于宽，后缘近平直或浅凹入；后胸背板后侧无淡膜区；雌虫产卵器短，仅端部露出腹末 ······················· 茎蜂科 Cephidae

— 前胸背板近哑铃形，宽大于长；后胸背板后侧有 1 对淡膜区；雌虫产卵器长，伸出腹末甚长 ·· 树蜂科 Siricidae

6 雌虫腹末几节腹板纵裂；产卵器鞘管状，从腹末前伸出；足转节常 2 节（寄生部 Parasitica）··· 7

— 雌虫腹末几节腹板不纵裂；产卵器（螫刺）针状，从腹末伸出，不用时缩在体内；足转节 1 节（针尾部 Aculeata）·· 23

7 前后翅翅脉发达；前翅有翅痣，前缘脉发达；触角不少于 16 节 ··········· 8

— 前后翅翅脉退化；前翅无翅痣，前缘脉远细于亚前缘脉；触角常少于 14 节····· 9

8 前翅常有第 2 回脉和 1 个小翅室；腹部第 2 节与第 3 节背板不愈合
·· 姬蜂科 Ichneumonidae

— 前翅只有 1 条回脉，无小翅室；腹部第 2 节与第 3 节背板愈合
··· 茧蜂科 Braconidae

9 前胸背板突伸达翅基片；无胸腹侧片；触角不为膝状；转节常 1 节
··· 瘿蜂科 Cynipidae

— 前胸背板突一般不伸达翅基片；常有胸腹侧片；触角膝状；转节 2 节 ····· 10

10 跗节 3 节；前翅无痣后脉，翅面上微毛常排列成行；腹部无柄
··· 赤眼蜂科 Trichogrammatidae

—跗节 4～5 节 ··· 11

11 后足腿节膨大,腹缘有齿突,胫节向内弧状弯曲 ············ 小蜂科 Chalcididae

—后足腿节不膨大,腹缘无齿突,胫节直 ·························· 12

12 触角间距大于触角与复眼的距离;触角长,无环状节;在触角窝上方的两复眼间有 1 条横沟;前翅基部细,翅缘有长缨毛;后翅柄状 ········ 缨小蜂科 Mymaridae

—触角间距小于触角与复眼的距离;触角短,有环状节;在触角窝上方的两复眼间无横沟 ······································· 13

13 后足基节扁平宽大,胫节外侧具黑短鬃排列成的菱形花纹

··· 扁股小蜂科 Elasmidae

—后足基节亚圆筒形,胫节外侧无黑短鬃列 ······················ 14

14 胸部特别发达,短而厚,侧观显著隆起 ························· 15

—胸部不特别发达,侧观不显著隆起 ···························· 16

15 触角膝状,13 节;前胸背观横形;小盾片末端无突起;腹柄很短;腹部第 1～2 腹节背板长,覆盖其余腹节 ················· 巨胸小蜂科 Perilampidae

—触角不呈膝状,10～14 节;前胸背观隐蔽;小盾片末端常有长的叉状突起;腹柄很长;腹部第 2 腹节背板长,覆盖其余腹节 ········ 蚁小蜂科 Eucharitidae

16 前胸背板宽阔,长方形;胸部常有粗刻点 ········ 广肩小蜂科 Eurytomidae

—前胸背板狭窄,至少在中央狭;胸部网状刻纹细 ··················· 17

17 触角 4～8 节;后缘脉不发达;腹部无柄 ························ 18

—触角常 8 节以上;后缘脉发达;腹部具柄 ······················· 19

18 体无金属光泽,黄色至暗褐色,少数黑色;触角棒节 1～4 节,较短;中胸盾纵沟深又直且完整;三角片突向前方;并胸腹节无三角形的光亮区

··· 蚜小蜂科 Aphelinidae

—体有金属光泽,常黑色;触角棒节 1 节,很长;中胸无盾纵沟;三角片不突向前方;并胸腹节中部具三角形的光亮区 ········ 棒小蜂科 Signiphoridae

19 跗节 4 节;触角 7～10 节;前缘脉长,后缘脉和痣脉常较短;前足胫节距直,不弯曲 ····································· 姬小蜂科 Eulophidae

—跗节 5 节,少数 4 节,如为 4 节,则触角至少 11 节或缘脉、后缘脉及痣脉均不明显;前足胫节距明显弯曲 ··································· 20

20 中胸侧板明显膨起;中足胫节端距长又大;腹部无柄 ··············· 21

—中胸侧板不膨起;中足胫节端距正常;腹部有柄 ··················· 22

21 触角无环状节,索节常 6 节;中胸盾片无盾纵沟;前翅缘脉常短

··· 跳小蜂科 Encyrtidae

—触角有 1 个环状节,索节 7 节;中胸盾片有盾纵沟;前翅缘脉长

·· 旋小蜂科 Eupelmidae

22 前胸背板大,钟状,后缘不明显;前足胫节距小

·· 四节金小蜂科 Tetracampidae

—前胸背板小,不呈钟状,后缘明显;前足胫节距大,弯曲

·· 金小蜂科 Pteromalidae

23 腹部第 1 节或第 1～2 节特化成结节状 ·········· 蚁科 Formicidae

—腹部第 1 节或第 1～2 节不特化成结节状 ···························· 24

24 前胸背板突不伸达翅基片 ·· 25

—前胸背板突伸达翅基片或几乎伸达翅基片 ···························· 28

25 头胸部的毛不分枝;口器咀嚼式;腹部第 1～2 节收缩成柄状

·· 泥蜂科 Sphecidae

—头胸部的毛分枝;口器嚼吸式;腹部第 1～2 节不收缩成柄状 ········ 26

26 体常有绿色或蓝色的金属光泽;后翅轭叶与 SBC 等长或长于 SBC

·· 隧蜂科 Halictidae

—体无绿色或蓝色的金属光泽;后翅轭叶短于 SBC ···················· 27

27 上唇宽大于长;角下沟与触角窝的内侧相接;前翅 3 个 SMC,如果只有 2 个 SMC,则 SMC_2 比 SMC_1 短;花粉篮位于后足 ······ 蜜蜂科 Apidae

—上唇长大于宽;角下沟与触角窝的外侧相接;前翅 2 个 SMC,长度相等;花粉篮位于腹部腹面 ····················· 切叶蜂科 Megachilidae

28 有翅种类的后翅至少有 1 个闭室 ································· 29

—有翅种类的后翅无闭室 ·· 36

29 无翅 ·· 30

—有翅 ·· 31

30 体上具刻纹和刻窝,并被有密毛;中足基节靠近或接触,爪简单;中胸腹板无板状突 ································· 蚁蜂科 Mutillidae(雌蜂)

—体无刻纹或刻窝,也不被有密毛;中足基节远离,爪 2 叉状;中胸腹板常有板状突覆盖中足基节 ····················· 钩土蜂科 Tiphiidae(无翅雌蜂)

31 前翅 DC 长于 SBC;停息时前翅能纵褶 ···························· 32

—前翅 DC 短于 SBC;停息时前翅不纵褶 ···························· 33

32 上颚长,闭合时相互交叉;中足爪 2 分叉;后翅有轭叶 ····· 蜾蠃科 Eumenidae

—上颚短,闭合时不交叉;中足爪不分叉;后翅常无轭叶 ······ 胡蜂科 Vespidae

33 中胸侧板被 1 条横缝分为上下两部分 ·········· 蛛蜂科 Pompilidae

—中胸侧板上无横缝 ·· 34

34 翅上有多条纵皱纹；中后胸腹板平坦,其片状突盖住中后足基节的基部
·································· 土蜂科 Scoliidae

—翅上无纵皱纹；后胸腹板无片状突盖住中后足基节的基部 ················ 35

35 后翅具臀褶和轭褶；中足基节远离；爪 2 叉状
·················· 钩土蜂科 Tiphiidae(有翅雌蜂和雄蜂)

—后翅无臀褶或轭褶；中足基节靠近或接触；爪不分叉
······················ 蚁蜂科 Mutillidae(雄蜂)

36 后翅有轭叶；前足腿节常显著膨大且末端呈棍棒状；前胸两腹侧部不在前足基
节前相接 ·· 37

—后翅无轭叶；前足腿节正常或端部膨大；前胸两腹侧部在前足基节前方相接
·································· 40

37 触角 10 节 ··· 38

—触角 12~13 节 ·· 39

38 头梨形；触角着生在额架上；前足跗节正常 ········· 梨头蜂科 Embolemidae

—头非梨形；触角不着生在额架上；雌蜂前足第 5 跗节与 1 个爪常特化成螯
·································· 螯蜂科 Dryinidae

39 头部前口式；腹部可见腹板 6~8 节；雌蜂具螯针 ········· 肿腿蜂科 Bethylidae

—头部下口式；腹部可见腹板 2~5 节；雌蜂具产卵管 ······· 青蜂科 Chrysididae

40 前足胫节具 2 枚端距；小盾片常有横沟 ······························ 41

—前足胫节具 1 枚端距；小盾片无横沟 ······························· 42

41 胫节距式 2-1-2；前足胫节较大的 1 枚端距不分叉；中胸盾片至多只有中纵沟；
翅痣线状；腹部第 1 节背板基部宽 ·············· 分盾细蜂科 Ceraphronidae

—胫节距式 2-2-2；前足胫节较大的 1 枚端距末端分叉；中胸盾片常有中纵沟和盾
侧沟；翅痣膨大；腹部第 1 节背板基部收缩 ········· 大痣细蜂科 Megaspilidae

42 触角窝与唇基背缘相连,或期间的距离小于触角窝直径 ················ 43

—触角窝与唇基背缘的距离明显大于触角窝直径 ······················ 45

43 触角 13 节；上颚外翻,闭合时其端部不接触 ········· 离颚细蜂科 Vanhorniidae

—触角 7~12 节；上颚内弯,闭合时其端部相接 ······················ 44

44 雌蜂触角 10~12 节,少数 7 节,雄蜂 10 节或 12 节；前翅具翅痣
·································· 缘腹细蜂科 Scelionidae

—雌蜂和雄蜂触角均为 9~10 节；前翅无翅痣 ········· 广腹细蜂科 Platygasteridae

45 雌蜂触角 9~15 节,雄蜂 12~14 节；触角着生于额架上；无翅痣

······································· 锤角细蜂科 Diapriidae

—雌蜂和雄蜂触角均为 13 节；触角直接着生于额上；有翅痣

······································· 细蜂科 Proctotrupidae

(三)膜翅目常见科的主要鉴别特征

根据膜翅目分科检索表鉴定各标本至所属的科，然后对照教材的相应章节，仔细观察各科的形态特征，注意比较广腰亚目与细腰亚目以及寄生部与针尾部的区别。重点观察常见科的如下一些特征。

1. 广腰亚目

(1)叶蜂科　前胸背板后缘向前凹入；后胸背板后侧有 1 对淡膜区；前足胫节具 2 枚端距，内距常分叉；产卵器锯状。

叶蜂科幼虫触角 4～5 节，侧单眼 1 对，腹足 6～9 对。

(2)树蜂科　前胸背板哑铃形；后胸背板后侧有 1 对淡膜区；雌虫产卵器伸出腹末很长。

(3)茎蜂科　前胸背板长宽相等或长大于宽，后缘近平直或浅凹缺；后胸背板后侧无淡膜区；雌虫产卵器较短。

2. 细腰亚目

A. 寄生部(锥尾部)　腹部末节腹板纵裂，产卵器管鞘状，多从腹末前节伸出；足转节多为 2 节；多寄生性。

(4)瘿蜂科　中胸小盾片中央无凹陷，端部无后刺；前翅 MC 室三角形；雌性腹部侧扁，第 2 节背板或第 2+3 节背板最大。

(5)小蜂科　后足腿节膨大、腹缘有齿突，胫节向内弯曲成弧状。

(6)蚜小蜂科　触角 5～8 节；中胸盾纵沟深而直；中胸侧板呈盾形；前翅缘脉长，亚缘脉及痣脉短，后缘脉不发达；中足胫节端距发达；腹部无柄。

(7)姬小蜂科　触角 7～10 节；中胸盾纵沟常显著；前翅缘脉长，后缘脉和痣脉常较短；跗节 4 节。

(8)赤眼蜂科　触角 5～9 节；前翅翅面上微毛常排列成行呈放射状；腹部无柄。

(9)细蜂科　触角 13 节；前翅前缘脉、亚前缘脉和径脉均发达，翅痣明显；腹柄后有 1 个大的愈合背板和腹板。

(10)姬蜂科　触角丝状，不少于 16 节；前翅无前缘室，常有第 2 回脉和 1 个小翅室；后足转节 2 节；腹部第 2 节与第 3 节不愈合；雌虫产卵器发达。

注意：有些姬蜂前翅没有小翅室。

(11)茧蜂科　与姬蜂科相似,但前翅只有1条回脉且无小翅室、腹部第2节与第3节坚硬愈合2个特征可与之区别。

B.针尾部　腹部末节腹板完整,不纵裂,产卵器(螫针)从腹末伸出,足转节1节,多捕食性。

(12)胡蜂科　具警戒色;曲肱状触角;前胸背板与肩板接触;前翅纵折;上颚闭合时不交叉。

(13)青蜂科　体上常有粗刻点,具青色、蓝色或红色的金属光泽。腹部可见腹板2～5节。

注意:部分青蜂体壁稍骨化,无粗刻点,无金属光泽。

(14)土蜂科　翅上有多条纵皱纹;中后胸腹板片状突盖住中后足基节的基部。

(15)蚁科　细腰上有结节;触角曲肱状。

(16)蜾蠃科　与胡蜂科甚似,易混淆。比较其区别。

(17)泥蜂科　体细长;触角丝状;腹柄细长;前足适于掘土;中足胫节2个距;前胸背板不伸达肩板。

(18)蜜蜂科　触角曲肱状;后足携粉足;口器嚼吸式;上唇宽大于长。

(19)木蜂科　中至大型,体粗壮,多毛,黑色,有金属光泽;复眼与上颚基缘接近;单眼呈三角形排列;前足、中足胫节各有一端距,后足胫节无端距。

思考题

1.比较广腰亚目与细腰亚目的区别。

2.比较寄生部与针尾部的形态区别。

3.编制叶蜂科、树蜂科、瘿蜂科、金小蜂科、小蜂科、姬小蜂科、细蜂科、姬蜂科、茧蜂科、胡蜂科和蜜蜂科的双项式分类检索表。

第二部分
普通昆虫学实习与实训

实习一 昆虫标本的采集、制作与保存

一、目的

昆虫标本是教学和科研的重要材料。昆虫标本的采集、制作与保存是学习和研究昆虫学的基础工作,是昆虫学研究者必须掌握的专业技术。通过昆虫标本的采集、制作、分类和鉴定,能够直观观察和了解昆虫的形态结构、生物学特性以及昆虫与寄主植物和环境的关系,掌握昆虫学研究的常规方法,培养学生的专业兴趣和技能。

二、要求

每人采集和鉴定昆虫标本 18 目(石蛃目、蜉蝣目、蜻蜓目、等翅目、蜚蠊目、螳螂目、䗛目、直翅目、革翅目、缨翅目、半翅目、脉翅目、广翅目、鞘翅目、双翅目、毛翅目、鳞翅目和膜翅目)60 科共 400 头,并鉴定到目,常见种类鉴定到科。按规定时间上交采集的标本,上交标本时,同时上交一份标本清单,包括采集到的标本所属的目、科以及数量。

根据要求,撰写并上交普通昆虫学教学实习报告,内容包括实习时间、地点、标本采集方法和制作方法、采集昆虫标本的明细、实习心得及在基础理论和专业技能等方面的收获。

三、采集工具

常用的采集工具有捕虫网、收集伞、吸虫器、毒瓶、诱虫灯和贝氏漏斗(Berlese funnel)等。

1. 捕虫网

捕虫网可分为捕网、扫网、水网。

捕网用来捕捉正在飞行或停息着的活泼昆虫。网要轻便、不兜风,并便于迅速、准确地从网中取出被捕获的昆虫。网袋选料要用细薄、透明的浅色或白色的尼

龙纱或珠罗纱等。网口要用结实的布加固。

扫网用来扫捕草丛、灌木等低矮、茂密植被上的昆虫。网袋最好用结实的白布或亚麻布等制作，以防被树枝等划破。

水网用来捕捉水生昆虫，用尼龙纱或铜纱制成网袋，网口常做成"D"形，也称D形网。

2. 毒瓶

毒瓶是使采集到的昆虫快速死亡的采集工具。采集到的昆虫要尽快让其死亡，且虫体应保持完整。制作毒瓶常用药物有氰化钾、氰化钠、氰化钙、乙酸乙酯、三氯甲烷、四氯甲烷和敌敌畏等。氰化物遇水释放出氰化氢，毒性极强且毒效持久。相比之下，乙酸乙酯、三氯甲烷、四氯甲烷和敌敌畏等药物的毒性作用慢且持效时间短，需适时添药。外出采集时，最好在毒瓶内放些吸水性强的纸条，这样既可以防止虫体的相互碰撞而摩擦损坏，又能吸去瓶内的水汽。

施用敌敌畏时毒瓶的制作方法如下：先在广口瓶中放些纸条；塞一些棉花到瓶盖中；用洗瓶等将敌敌畏注入棉花上，使棉花被敌敌畏浸透，但又不向下流淌；将瓶盖盖到广口瓶上（图2）。

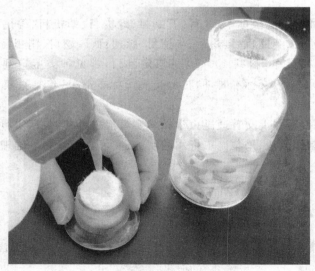

图 2　敌敌畏毒瓶的制作

注意：①制作毒瓶时要佩戴手套，完成后用肥皂洗手；②毒瓶贴上"有毒"或"剧毒"标志；③保管好自己的毒瓶；④野外采集时，意外砸破或打碎毒瓶，要用镊子将瓶中药物夹入另一空瓶内,盖瓶塞,同时将毒瓶破碎部分包好,一同带回学校处理。

3.诱虫灯

适用于在野外诱集夜间活动的具飞行能力的昆虫,如蛾类、金龟甲等。诱虫灯可用波长 360 nm 的黑光灯,或用 200～400 W 的白炽灯、汞灯等。

4.巴氏杯

巴氏杯是用来诱集在地面活动的昆虫的采集工具。对采集土壤或枯枝落叶层中的昆虫如步甲等特别有效。

5.吸虫器

对于不易夹取的微小昆虫,特别是想采集到活的蚜虫、木虱、蓟马和啮虫等微小昆虫时,常用吸虫器来采集。吸虫器由较粗的玻璃管或试管、软木或橡木塞、吸气管和吸虫管组成,吸气管的入口端有滤网,防止将虫吸入口内。

6.收集伞

用于采集有假死性的昆虫。收集伞可设计为可折叠的伞形框架或方形框架,伞布选用牛仔布或其他较厚的布料。

其他常用工具包括 GPS、口杯、砍刀、小刀、采集瓶、养虫盒、指形管、放大镜、镊子、记录本、毛笔、白纸、标签和铅笔等。

四、采集时间和地点

1.采集时间

昆虫活动时间因种类和地区的不同而异。可以说,一年四季、一天 24 h 均可进行采集。但是,多数昆虫在一年中以夏季数量较多,一天中以 10～15 时(日出性昆虫)或 20～23 时(夜出性昆虫)活动较频繁。具体安排:

白天:外出,网捕、肉眼搜索等;

傍晚:放置巴氏杯诱集;

晚上:灯光诱集。

2.采集地点

昆虫是最彻底地占据地球的动物,地球的每个角落都有昆虫的存在,昆虫无处不在。蜉蝣、仰泳蝽、龟蝽等生活在水里;蜚蠊在砖石下;蝗虫、螽斯等生活在草丛中;蠼螋生活在枯枝落叶等腐殖质丰富的地方;花金龟、蜜蜂等经常出现在植物的花朵上;豆娘栖息在水源周边的植物上;食蚜蝇在有蚜虫为害的植物周围;斑衣蜡蝉和蝉等栖息在树干上吸食汁液。只要掌握不同昆虫的栖境和习性,经过全面、细致的采集,就可获得丰富的标本。

对于多数昆虫来说,理想的采集环境应是植物生长茂盛、乔木种类丰富、灌木繁杂、杂草丛生、鲜花遍野的山地,附近有溪流或沼泽最佳。

五、采集方法

昆虫种类繁多、生活环境多样和生活习性复杂。要想获得大量标本,除了选用适当的采集工具和选择适宜采集时间外,还要掌握一定的采集技术和方法。

对于不同的昆虫,应根据其栖境和习性采用适当的采集方法。常用的有网捕、震落、搜索、诱集、陷阱等方法。

1. 网捕

对于能飞善跳的昆虫,不管它们是在活动或停息,都应网捕。对于正在飞翔的昆虫,可以迎面扫网或从后面扫网;对静息的昆虫,常从后面或侧面扫网。一旦昆虫入网,要立即封住网口,防止逃逸。方法是随扫网的动作顺势将网袋向上甩,连虫带网翻到上面来;或迅速翻转网柄,使网口与网袋叠合。切勿打开网口从上往下探看入网之虫!

昆虫入网后,正确的做法是:

蝶蛾类应隔网捏住胸部,使其不能动弹,再取出放入三角纸包内。

胡蜂、蜜蜂等螫人,遇到这类昆虫,记着用镊子夹住,然后放入毒瓶中。

有毒的隐翅甲、步甲、芫青、蟥、刺蛾幼虫等,须用镊子夹取,放入采集瓶内的酒精里或毒瓶里。

膜翅目或双翅目等向光性强的昆虫,可以将网口向上放于地上,然后将网袋的底部朝光的方向拉起,这些昆虫就会往上爬到网底,打开毒瓶盖子,经网口伸到网内对着向光爬行的昆虫,将其收入瓶内。

而很多昆虫是肉眼不容易发现的,利用扫网可以采集到更多种类的昆虫。在草地上扫十个来回,将网袋中大一点的枯枝落叶及杂草等取出,再次抖动网袋,使小虫及其他杂物集中到网底,并一起转入到毒瓶中,过一定时间昆虫被毒死后,再将毒瓶中的所有东西倒到白纸上或白瓷盘里,用小毛笔挑出所需的昆虫。

昆虫放入毒瓶后取出的时间,因昆虫种类、大小不同而不同。不同昆虫中毒死亡所需时间有很大差别。有的几秒钟就死亡,但锹甲、大型的鳃金龟等往往需要1~2 h才能死亡。采集过程中,应隔一段时间将毒瓶中的昆虫及时取出放入采集盒中或纸袋中,以免虫体破损或褪色。

对于水生昆虫的稚虫,可根据其栖境用水网采集,然后将标本放到采集瓶内的乙醇中保存。

2.震落

震落法对采集有假死性的昆虫特别有效,如金龟甲、尺蠖等。将收集伞放到植物的枝叶下面,或在树底下铺白布、薄膜或报纸等,然后震动树干或敲击枝叶,震落昆虫。

注意:应及时收集落下的昆虫,否则它们将会很快恢复活动,爬离或飞走。

3.搜索

根据昆虫的栖境、寄主、危害状或虫粪用肉眼寻找昆虫。例如,在枯枝内检查是否有钻蛀昆虫;在有虫粪排出的树干中寻找天牛幼虫;在地面有蜜露覆盖的树上采集蚜虫、木虱、介壳虫等半翅目昆虫;在比较阴湿的森林地里的树干基部或树洞内寻找锹甲;在花盆或砖石底下采集蟋蟀;在砖石下搜寻土鳖;在有为害状而找不到昆虫时可检查树皮下是否潜藏有柳毒蛾的幼虫等。

4.诱集

利用昆虫的趋光性或趋化性来采集昆虫的一种简便有效方法,常用的有灯诱、色诱和味诱。

(1)灯诱　用来采集具有趋光性的昆虫。灯诱最好在闷热、月缺的夏日晚上。挂灯地点最好在林区、花园或杂草和灌木丛生的地方,要求四周比较开阔。如果灯诱水生昆虫,灯就应挂在溪流、湖泊、池塘或沼泽地附近。为了便于收集昆虫,灯诱时常在灯旁挂一块白布。

(2)味诱　利用昆虫的趋化性来采集昆虫。例如,用糖醋液来诱集地面活动的昆虫。

巴氏杯的制作:容器可就地取材,塑料杯、罐头瓶、矿泉水瓶都可以。糖醋液按以下比例:食用醋∶红糖∶高度白酒∶水=2∶1∶1∶20(质量比)。将配制好的糖醋液装入以上容器或其他合适容器内,于傍晚将容器埋到地里,使杯子的上沿与地面持平,第二天早上收集杯中的昆虫(图3)。

图 3　糖醋液的配制(左)及诱集杯的埋放(右)

（3）色诱　多数昆虫是红色盲或橙色盲,但对其他颜色敏感。利用昆虫对颜色的敏感性来采集,最常见的就是用黄盘诱集蚜虫、白粉虱等。诱集时,盘放于地表面或埋入地里,让盘沿与地表面齐平,盘内装半盘水,滴加几滴液体洗涤剂,再加入一些食盐或丙二醇,最好每天收集盘内昆虫,然后用自来水反复漂洗干净,去除洗涤剂和饱和剂,最后用乙醇保存。当然,不同昆虫对颜色的反应不同,也可以尝试用其他颜色来引诱各种昆虫,可能会收到事半功倍的效果。

5. 陷阱

该法用来采集甲虫、蚂蚁、蝼蛄、蟋蟀和蟑螂等地面爬行的昆虫很有效,特别是当陷阱中放入味诱剂时,效果更佳。例如,在陷阱中加入少量啤酒、甜酒、酒糟或酸奶时,可诱到更多的昆虫。

六、昆虫标本的临时保存

野外采集到的昆虫标本,应及时妥善保存,以便随后带回室内整理制作。常用方法是酒精浸液、三角纸包。

（1）三角纸包　它是用长方形的纸折成的三角形小包(图 4),可以装各种昆虫,但常用来临时或长期保存鳞翅目、脉翅目、蜻蜓目和毛翅目成虫。三角纸包要放到采集盒内,防止挤压和折叠,避免标本被损坏。标本装好后,在口盖上注明采集的方法、时间、地点、寄主和采集人等信息。

注意:若三角纸包内的标本要临时存放几天,则需将纸包用线串起来,放在阴凉通风处晾干,防治昆虫腐烂。

图4　三角袋

（2）酒精浸液　一般用 75％乙醇，再加 1％～2％甲醛或甘油。使用浓度依虫体大小和含水量而异。微型和小型昆虫用 75％乙醇即可；大型昆虫和全变态类的幼虫体内含水量高，最好用 80％～85％乙醇；水生昆虫的幼虫或稚虫，最好用 85％～90％乙醇。如果采集的标本是用于研究昆虫的 DNA，最好选择无水乙醇。除鳞翅目、脉翅目、蜻蜓目和毛翅目成虫不适于放入酒精浸液中保存外，其他虫态和类群基本上均可在酒精中临时保存或长期保存。

注意：①虫体微小的昆虫，最好单独放在指形管内浸存，不要与其他大型昆虫混杂一起，以免日后难以查找；②蜉蝣成虫或稚虫等昆虫标本很脆弱，晃动会造成标本破损，故小瓶内要注满保存液且不留小气泡，如有气泡，最好用注射器吸走。

七、昆虫针插标本的制作

制作针插标本的目的是使采集到的标本完整、干净、美观且尽量保持其自然状态。

1. 制作工具

（1）昆虫针　昆虫针是用于固定虫体的不锈钢针。按粗细长短的不同分为 00号、0号、1号、2号、3号、4号和 5号共 7种型号。其中，00号短于其他型号，长度只有 12.8 mm，且顶端无膨大的圆头，直径约 0.3 mm；0号、1号、2号、3号、4号和5号长均约 39 mm，顶端有膨大的圆头，直径分别为 0.3 mm、0.4 mm、0.5 mm、0.6 mm、0.7 mm 和 0.8 mm。常用的昆虫插针是 0～5号针。00号针是专用来制作微小昆虫标本的，也称二重针。

中型或大型昆虫的成虫和不全变态昆虫的若虫和稚虫均可直接插针制作成针插标本。

（2）三级台　是用来确定虫体及标签在昆虫针上的高度的。它是一个有 3 个高度的阶梯形小木块，长 75 mm，高 24 mm。三级台的相邻两级高度差 8 mm，中央有 1 个插针小孔。制作昆虫标本时，将昆虫针插入孔内，使虫体背面和标签整齐。第 1 级高 24 mm，用来规定标本背面的高度；第 2 级高 16 mm，是采集标签的高度；第 3 级高 8 mm，为鉴定标签的高度。

（3）展翅板　用来给昆虫展翅的"工"字形的木板架，长 33 cm，宽 8 cm（图 5）。展翅板上面装有两块表面水平或略向内倾的木板，左边一块固定，右边一块可以左右移动，以调节两板间的距离；木架中央有一槽，铺以软木或泡沫板，方便插针。

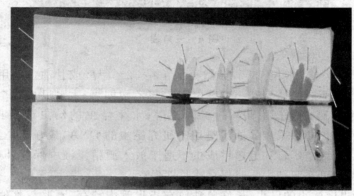

图 5　展翅板

可以用泡沫板制作成简易的展翅板。具体做法是用美工刀在泡沫板上刻出一定宽度和深度的槽。

需进行展翅的昆虫主要是鳞翅目、脉翅目、蜻蜓目、毛翅目、广翅目、直翅目及部分大型双翅目和膜翅目成虫，以鳞翅目昆虫居多。

（4）回软缸　用来使已经干硬的标本重新恢复柔软，以便整理制作的器皿。凡是有盖的容器均可用作回软缸。在缸底放些湿沙子，加几滴石炭酸防霉。将盛有标本的培养皿放入缸内，勿让标本与湿沙直接接触。盖严缸口，借湿气使标本回软。

注意：从回软缸中取回标本时，脸部不要对着缸口，以免石炭酸刺激眼睛。

（5）冰箱　采集到的昆虫若不能及时整理，可将其放入冰箱冰冻层保存。

（6）标本盒　用于保存针插标本的方形盒子。标本盒的规格多样，常用的标本盒长 27 cm，宽 20 cm，高 5 cm。

2.昆虫针插标本的制作

野外采集带回的昆虫经还软或解冻后，针插标本的制作一般分插针、整姿、展翅和烘干 4 个步骤。

　　(1)插针　昆虫针的插针位置有严格的规定,原则是不破坏昆虫的鉴定特征及使标本看上去美观。一般插在昆虫中胸背板的中央偏右,这样既可保持标本稳定,又不至于破坏标本中央的特征。但是,为分类研究上的需要,对不同类群的昆虫,其针插部位有一定要求。对于直翅目昆虫,针插在前胸背板中部、背中线稍右的位置;对于半翅目的蜡蝉亚目和蝉亚目昆虫,针插在中胸正中央的位置;对于半翅目异翅亚目昆虫,针插在中胸小盾片中央偏右的位置;对于鞘翅目昆虫,针插在右鞘翅基部的翅缝边,不能插在小盾片上;对于双翅目昆虫,针插在中胸偏右的位置;对于鳞翅目和蜻蜓目昆虫,针插在中胸背板正中央,经第 2 对胸足的中间穿出;对于膜翅目和脉翅目昆虫,针插在中胸背板中央稍偏右(图 6)。

图 6　插针位置

昆虫针插入后,针应与虫体纵轴垂直,且虫体背面与昆虫针顶端圆头的距离是8 mm。由于不同昆虫的虫体薄厚不一,虫体的高低要用三级台来矫正。在第1级插好后,倒转针头,在第3级插下,使虫体背面离昆虫针顶端的圆头8 mm,以保持标本整齐和美观,也便于提放。

(2)整姿 昆虫针插好后,要对昆虫标本进行整姿,也就是使昆虫的触角自然向前,足、翅和腹部等摆正,使之与其自然状态相同。对于像天牛这样触角很长的昆虫,整姿时需将其触角向后摆到体躯两侧(图7)。对于腹部细长的昆虫如蜻蜓、竹节虫等,腹部容易下垂或干燥后容易损坏,最好将一根草棒从肛门经腹腔、胸腔插到头部,使虫体变得坚挺。

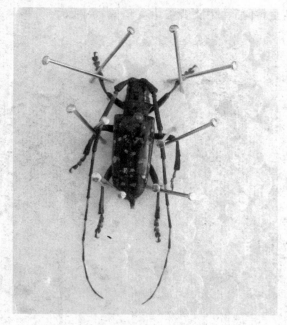

图7 整姿示意图

(3)展翅 需要展翅的昆虫主要有鳞翅目、脉翅目、蜻蜓目、毛翅目、广翅目、直翅目及部分大型双翅目和膜翅目成虫。展翅前首先将展翅板调到适合虫体的宽度,然后把定好高度的标本插在展翅板的槽中,使翅基部与板在一个高度上,用透明的蜡纸或塑料纸条将翅压在板上,再用针拨动左翅前缘较结实处,使翅向前展开,拨到前翅后缘与虫体纵轴垂直为止,用昆虫针固定蜡纸或塑料纸条,不能将昆虫针直接插到翅面上;将后翅向前拨动,使前缘基部位于前翅下面,用昆虫针固定。

左翅展好后,再依上法拨展右翅。触角伸向前侧方与前翅前缘大致平行并压在纸条下。腹部应平直,不能上翘或下弯(图8)。

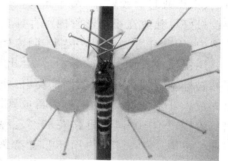

图8 展翅示意图

(4)烘干 将整姿后的标本放入烘箱内,在40～45℃下间断烘烤至干。

注意:①翅基部一定要与展翅板的上表面持平,不能偏高或偏低,否则翅会变形;②展翅板上面的两块木板定好宽度后,不能再随意变动;③蜻蜓目和脉翅目的翅为长形,一般要求前翅展开后,其顶角前缘与头部前沿基本在一条直线上,后翅展开后,前缘紧靠前翅的后缘,但不能放到前翅下面;④昆虫针固定时,要紧靠翅的基部或翅的三缘插,先插翅基部的边缘,后插翅的前缘、外缘和内缘,但不能插在翅面上;⑤展翅最好在昆虫毒死后马上进行,标本放久后翅基变硬,很难展翅,当然可以用回软缸进行回软,但效果没有前者好;⑥在展翅板上贴上标签。

标本烘干后,从展翅板上将标本取下,要插上采集标签。注意从标签的正中插入,并用三级台的第2级高度来矫正采集标签的高度。对标本进行鉴定并插上鉴定标签,矫正此签位置,最后归类并装盒保存。

八、昆虫标本的长期保存

昆虫标本的长期保存有针插干标本保存和浸渍液保存 2 种方法。

（1）针插干标本保存　将已烘干后的针插标本，整理归类并装入标本盒内长期保存。为防止虫蛀，在标本盒的四角常固定樟脑丸，并注意适时更换。为防止长霉，标本盒的密封性要好，最好在盒口四周贴上密封胶布。最后在标本盒边贴上标签，放入阴凉干燥的标本柜内保存。

（2）浸渍液保存　除了鳞翅目、脉翅目、蜻蜓目和毛翅目成虫不能用浸渍液保存外，其他标本均可在浸渍液中长期保存。为防止浸渍液挥发，盖严瓶口后，要用石蜡、火漆或封口胶密封，贴上标签，放于阴凉处保存。如果虫体微小且个体数量少。最好单独放在小指形管内浸存，贴上标签（用铅笔写），然后放入广口瓶内的浸渍液中，用同样方法密封，并置于阴凉处保存。

用浸渍液长期保存的标本，常会出现褪色和变脆，触角、足和鬃脱落现象。为了减轻标本的褪色，对于不同的类群，常有不同做法。例如，新采集到的鳞翅目幼虫先放入开水中烫几分钟，然后再放到浸渍液中保存；或者新采到的昆虫，放在卡诺氏液中浸泡 10 h 后，再移入 80％乙醇中浸泡保存；或者新采到的昆虫，放到凯勒氏液中浸泡 4～6 d 后，再用 80％乙醇来替换保存；在保存蜉蝣标本的酒精浸液中加入 1％丙酮亚诺抗氧化剂，可以减轻乙醇的脱色作用，同时使标本在乙醇挥发完后仍能保持湿润状态；在保存蚜虫和介壳虫的乙醇中加入乳酸（95％乙醇与 75％乳酸按 2：1 比例混匀），可以防止标本变脆和便于制作玻片标本时回软。

实习二　微小昆虫玻片标本制作

一、目的

掌握微小昆虫玻片标本的制作方法。

二、要求

每人制作 1～2 片合格的微小昆虫玻片标本。

三、制作步骤

(1)前处理　将活蓟马、赤眼蜂或其他微小昆虫用 70％乙醇杀死并固定,反复用 70％乙醇冲洗至虫体表面干净。

(2)染色　将蓟马、赤眼蜂或其他微小昆虫移入染色皿内,滴加酸性复红染液,染色 50～60 min。

(3)脱色　将经染色的虫体进行 80％→90％→100％→100％乙醇浓度梯度脱水,每次约 3 min。

(4)透明　将前面经过染色处理的虫体用二甲苯或木榴油透明 15～30 min。

(5)整姿　在离载玻片右端约 30 mm 处的正中央滴加少许加拿大树胶,将经过透明处理的虫体放入其中,用解剖针仔细整姿,使其头朝前,体垂直于载玻片的横向,触角向前侧方,翅向两侧,前足向前侧方,中足和后足向后侧方。注意动作一定要快且准,否则树胶一干,前功尽弃。

(6)封片并贴上标签　整姿好后,再加少量的加拿大树胶,用镊子夹盖玻片斜放盖下,一定要轻。最后于载玻片的左端贴上标签。

注意:要掌握好加拿大树胶的用量,以刚好展布整个载玻片与盖玻片之间的空间为准,不能外溢。

实习三　昆虫科学绘图

在昆虫形态学和分类学研究中,昆虫整体图和特征图是必不可少的。昆虫形态的科学绘图就是运用绘画艺术手法,将昆虫的外部形态特征进行形象、科学的表达,准确、生动地记录所观察或研究的昆虫。使形象的资料得以传播交流和长期保存,特别是对于那些难以用文字准确表述的形态特征,通过绘图形式,获得形象直观的效果,更易为学习者所接受和掌握。

一、目的

了解昆虫科学绘图的常用工具,掌握昆虫科学绘图的基本步骤和技法。

二、要求

科学绘图不同于美术作品。首先,要有严格的科学性,就是要求绘画作品的形体正确、比例准确、特征明晰、色彩真实。其次,要有生动的艺术性,也就是构图合理、透视准确、层次分明、画面整洁和精细美观。

三、常用工具和材料

在书刊印刷中,黑墨点线图具有方便制版、印刷清晰等特点,故常用来表述昆虫的形态特征。下面简要介绍绘黑墨点线图的常用工具和材料。

1. 绘图仪

高级体视显微镜和生物显微镜都配有绘图仪。常用阿培式绘图仪(Abbe camera lucida),其主要部件是 2 个直角棱镜和 1 面反光镜。在 2 个棱镜的胶合面上涂有银镜,镜之中央为透光孔。把棱镜装在目镜上,反光镜放到右面装成 45°,从棱镜上可同时看到由透光孔射来的显微镜下的物像以及通过反光镜与棱镜反射过来的放在显微镜右边的画纸与铅笔,可依所见物像绘下草图。

2. 绘图铅笔

绘图铅笔是绘制草图的必需工具。绘图铅笔根据硬度不同分为 H 型、B 型和

HB 型共 3 种。H 型笔的笔芯质硬,又分为 1H、2H、3H、4H、5H 和 6H 共 6 种,随着 H 前数字增加,其笔芯渐硬。B 型笔的笔芯质软,分 1B、2B、3B、4B、5B 和 6B 共 6 种,随着 B 前数字增加,其笔芯渐软。HB 型笔的笔芯软硬适中。绘图时,应选择硬度适宜的铅笔,以 HB 或 1H 较为合适,使用时需把笔头削尖。

3. 点水钢笔

点水钢笔也称蘸水笔,有小、中、大 3 种型号,一般选用小型号。使用时,蘸墨要少,握笔以 45°为宜,行笔方向与笔尖开口一致,运笔时应顺着倾斜方向前进,不可逆绘或侧绘,以免划破纸面。熟练者用不同的笔尖面可绘出粗细不同的线条,但较难掌握。

4. 针管绘图笔

针管绘图笔是专门用于绘制黑墨点线图的工具,可画出精确且均匀的线条。常用的有国产英雄牌和德国 Faber-Castell 牌。针管绘图笔的笔头设计成空心针头状微细小管,管内置 1 枚引水通针,使墨水顺着通针周围缝隙自笔头均匀下滑,其笔尖所绘线依粗细分 0.1 mm、0.2 mm、0.3 mm、0.4 mm、0.6 mm、0.9 mm 和 1.2 mm 等。绘制线条时,针管笔身应尽量保持与纸面垂直,运笔速度及用力应均匀、平稳,并顺向行笔,同时注意落笔及收笔时均不应有停顿,以确保画出粗细均匀的线条。

5. 绘图墨水

绘图墨水分碳素墨水、黑墨汁和黑墨水。碳素墨水适于针管绘图笔。黑墨汁含胶较多,线迹光亮。陈黑墨汁更好,适用于点水钢笔。黑墨水兼具两者的优点,同时适用于点水钢笔和针管绘图笔。

6. 绘图纸

绘图纸长 123 cm,宽 89 cm。选厚薄适当、色泽较白、表面平整、光而不滑、耐橡皮擦、吸水性能适度、不深不透的纸为佳。一般使用 150 g 以上的绘图纸。

7. 描图纸

描图纸以结构均匀、质地细腻、色泽白净、透明度好的描图纸为好纸。其优点是半透光,纸质坚实,墨迹仅牢固地附着在纸的表层,易于刮除修改。

8. 九宫格

也称九方格,是在正方形透明胶片上准确刻画出若干大方格,再在每个方格内画出 9 个小方格,以便对照标本的部位进行绘图。

四、绘图方法

下面介绍几种常用的绘图方法：

(1)九宫格放大　将九宫格平放在虫体上,依所需的放大倍数在绘图纸上用铅笔轻轻地画上方格,通过九宫格观察昆虫,把看到的分块画到纸上相应的位置中去。大、小型的昆虫均适用,微小的昆虫须用显微镜观察,也可在目镜内放上一块网格测微尺,通过网格观察昆虫,进行放大绘图。

(2)尺规测绘　将量规的一端测量虫体,另一端即为纸面图的放大尺寸。绘图时只需在所绘标本的对称中轴上设1条假想的中轴线,再在纸上画1条中轴线便可开始绘图。该法适用于画中、大型且体壁坚硬的鞘翅目或半翅目昆虫。

(3)直接描绘　将标本放在平面上,四周加垫,在垫上放一块平板玻璃,然后在玻璃板上用笔勾绘草图,再蒙以描图纸描出图形。该法适用于大型、平展的昆虫,如蜉蝣、蜻蜓、蛾或蝶等昆虫。

(4)复印机印图　利用复印机的放大或缩小功能,将平展的标本作适当的放大或缩小,然后修正。该法特别适用于绘制昆虫翅的脉序。

(5)摄影摹图　先用照相机将昆虫标本拍成底片,冲晒出适当放大的相片,再用描图纸从照片上蒙描。

(6)绘图仪描绘　用绘图仪来描绘显微镜中观察到的标本。临摹时注意将照射到绘图纸上的光调强,而将显微镜的光调弱;另外,可以通过调整绘图纸与绘图仪间的高度来调整图的大小。

注意:阿培式绘图仪安装时,反光镜必须呈 $45°$,绘出来的图才准确,否则会导致比例不协调。同时,绘图时显微镜下物像的光线和图纸上的光线必须平衡,才能使两者都看得清楚。如果只见镜下物像而看不到图纸和铅笔,是由于镜下的光线太强,可转动显微镜下的反光镜、聚光镜或光圈等,使之减弱;如果只见图纸和铅笔而物像不清晰,则可加强镜下的光照强度。此外,也可利用台灯或其他光源来调整两方面的光线平衡。

五、绘图步骤

(1)准备　主要是绘图工具和材料的准备及对昆虫标本的选择。例如,绘鳞翅目、蜻蜓目和膜翅目昆虫的背面整体图时,最好选择已经整姿的标本;绘特征图时,要选择特征典型的标本。

（2）初稿　用绘图铅笔在绘图纸上绘。起稿前,根据需要和绘图纸的大小定下图形的大小和各部分的排布。起稿时,原则上先整体轮廓,后局部,最后是细部。

（3）定稿　同样用绘图铅笔绘。初稿完后,须将初稿与标本反复对照,不断修改,力求准确和真实。

（4）成图　将描图纸蒙于定稿上,用针管绘图笔或点水钢笔绘制。要求下笔准确,行笔流畅,线条均匀,点要圆匀,一气呵成。一般来说,从左下方向右上方描绘时行笔较为顺畅。

（5）修饰　成图后,如有必要需进行适当的修改,对多余的墨迹或线条不够均匀或光滑之处,可用刀片刮去,或用细毛笔蘸白色广告色涂去,然后写上图题和图标,并注明比例。

注意：①初稿时,要注意图的大小,初学绘图者一般可按照印刷版面放大 2～4 倍来绘制,绘图熟练精细者可按照印出图版的 1～2 倍来绘制;②绘昆虫体背面或腹面整体图时,头部应朝前,触角分别向前左和前右两侧（天牛为后左和后右两侧）,前足向两前侧,中足和后足向两后侧;绘昆虫侧面图时,头部应朝左;如在一幅图中同时绘昆虫的背、腹两面图时,可画 1 条中纵轴,轴的左边是背面、右面是腹面;③绘对称图时,如昆虫的背面观或腹面观图,可只绘一半,另一半用拷贝纸反衬过来;④绘初稿、定稿或成图时,最好在纸下垫一块玻璃板,以确保纸面平整;⑤描图应一次绘成,不可中途停顿;⑥在初稿上注明昆虫名称、标本编号、比例尺、绘图人和绘图时间等。

思考题

1.昆虫形态图的常用绘制方法有哪些?

2.绘制昆虫形态图一般经过哪些步骤? 各应注意哪些事项?

3 利用九宫格法绘 1 种昆虫的整体图。

参 考 文 献

[1] 许再福.普通昆虫学实验与实习指导.北京:科学出版社,2010.

[2] 许再福.普通昆虫学.北京:科学出版社,2009.

[3] 荣秀兰.普通昆虫学实验指导.北京:中国农业出版社,2003.